모든 개념을 다 보는

해결의 법칙

수학

4·2

 스케줄표

4_2

스케줄표 활용법

1 먼저 스케줄표에 공부할 날짜를 적습니다.

2 날짜에 따라 스케줄표에 제시한 부분을 공부합니다.

3 채점을 한 후 확인란에 부모님이나 선생님께 확인을 받습니다.

예 > **1일차** 월 일
1. 분수의 덧셈과 뺄셈
10쪽 ~ 13쪽

모든 개념을 다 보는 해결의 법칙

수학

4·2

개념 해결의 법칙만의
학습 관리

1 개념 파헤치기

교과서 개념을 만화로 쉽게 익히고
기본 문제, 쌍둥이 문제 를 풀면서 개념을
제대로 이해했는지 확인할 수 있어요.

📹 개념 동영상 강의 제공

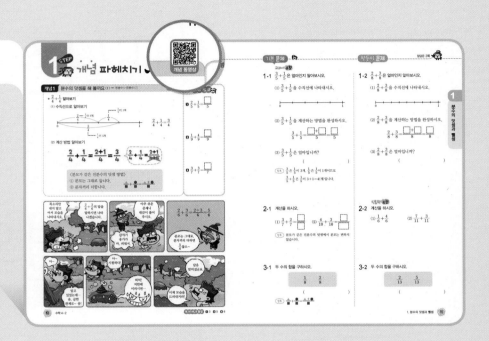

2 개념 확인하기

다양한 교과서, 익힘책 문제를 풀면서
앞에서 배운 개념을 완전히 내 것으로
만들어 보세요.

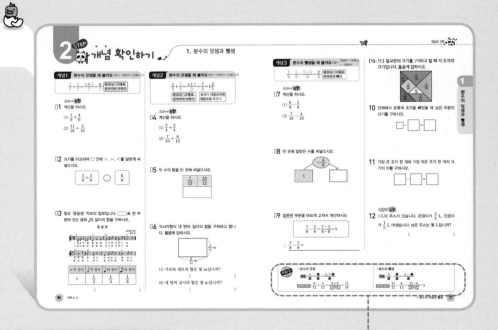

꼭 알아야 할 개념, 주의해야 할 내용 등을 아래에 해결의 창 으로
정리했어요. 해결의 창 을 통해 문제 해결 방법을 찾아보아요.

3 단원 마무리 평가

단원 마무리 평가를 풀면서 앞에서 공부한
내용을 정리해 보세요.

- 유사 문제 제공
- 학습 게임 제공

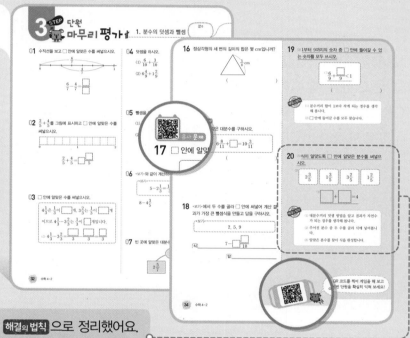

해결의 법칙

응용 문제를 단계별로 자세히 분석하여 해결의 법칙 으로 정리했어요.
해결의 법칙 을 통해 한 단계 더 나아간 응용 문제를 풀어 보세요.

창의·융합 문제

단원 내용과 관련 있는 창의·융합 문제를
쉽게 접근할 수 있어요.

개념 **해결의 법칙**

QR **활용법**

❗ 모바일 코칭 시스템 : 모바일 동영상 강의 서비스

📹 개념 동영상 강의

개념에 대해 선생님의 더 자세한 설명을 듣고 싶을 때 찍어 보세요. 교재 내 QR 코드를 통해 개념 동영상 강의를 무료로 제공하고 있어요.

≪≪

1단계 개념 동영상 강의

🙌 유사 문제

3단계에서 비슷한 유형의 문제를 더 풀어 보고 싶다면 QR 코드를 찍어 보세요. 추가로 제공되는 유사 문제를 풀면서 앞에서 공부한 내용을 정리할 수 있어요.

≪≪

3단계 유사 문제

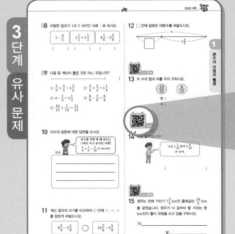

🎮 학습 게임

3단계의 끝 부분에 있는 QR 코드를 찍어 보세요. 게임을 하면서 개념을 정리할 수 있어요.

≪≪

3단계 학습 게임

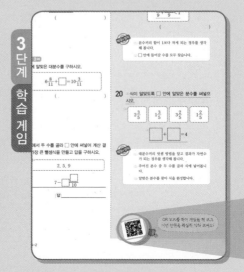

해결의 법칙
이럴 때 필요해요!

우리 아이에게
수학 개념을
탄탄하게 해 주고
싶을 때

>>>
교과서 개념, 한 권으로 끝낸다!
개념을 쉽게 설명한 교재로 개념 동영상을 확인
하면서 차근차근 실력을 쌓을 수 있어요. 교과서
내용을 충실히 익히면서 자신감을 가질 수 있어요.

개념이 어느 정도
갖춰진 우리 아이에게
공부 습관을
키워 주고 싶을 때

>>>
기초부터 심화까지 몽땅 잡는다!
다양한 유형의 문제를 풀어 보도록 지도해 주세요.
이렇게 차근차근 유형을 익히며 수학 수준을 높일
수 있어요.

개념이 탄탄한
우리 아이에게
응용 문제로
수학 실력을 길러
주고 싶을 때

>>>
응용 문제는 내게 맡겨라!
수준 높고 다양한 유형의 문제를 풀어 보면서
성취감을 높일 수 있어요.

개념 **해결의 법칙**
차례

1 분수의 덧셈과 뺄셈

제1화 쇼 미더 머니 일당이 숨어 있는 엄지섬으로!!

이미 배운 내용	이번에 배울 내용	앞으로 배울 내용
[3-1 분수와 소수] · 분수 알아보기 · 분수의 크기 비교 **[3-2 분수]** · 대분수, 가분수 알아보기 · 분수의 크기 비교	· (진분수)+(진분수) · (진분수)−(진분수), 1−(진분수) · (대분수)+(대분수) · (자연수)−(분수) · (대분수)−(대분수)	**[4-2 소수의 덧셈과 뺄셈]** · 소수의 덧셈 · 소수의 뺄셈 **[5-1 분수의 덧셈과 뺄셈]** · 분모가 다른 분수의 덧셈 · 분모가 다른 분수의 뺄셈

개념 동영상

개념1 분수의 덧셈을 해 볼까요 (1) ─ (진분수)+(진분수) ①

- $\dfrac{2}{4}+\dfrac{1}{4}$ 알아보기

(1) 수직선으로 알아보기

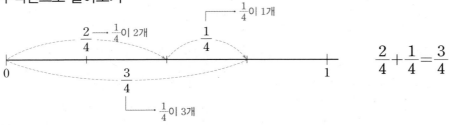

$$\dfrac{2}{4}+\dfrac{1}{4}=\dfrac{3}{4}$$

(2) 계산 방법 알아보기

$$\dfrac{2}{4}+\dfrac{1}{4}=\dfrac{2+1}{4}=\dfrac{3}{4}$$

$\dfrac{2}{4}+\dfrac{1}{4}=\dfrac{2+1}{4+4}$ ✗

〈분모가 같은 진분수의 덧셈 방법〉
① 분모는 그대로 둡니다.
② 분자끼리 더합니다.

$$\dfrac{\blacktriangle}{\blacksquare}+\dfrac{\bullet}{\blacksquare}=\dfrac{\blacktriangle+\bullet}{\blacksquare}$$

개념 체크

❶ $\dfrac{2}{5}+\dfrac{1}{5}=\dfrac{\square}{5}$

❷ $\dfrac{1}{9}+\dfrac{4}{9}=\dfrac{\square}{9}$

❸ $\dfrac{3}{7}+\dfrac{3}{7}=\dfrac{\square}{7}$

개념 체크 정답 ❶ 3 ❷ 5 ❸ 6

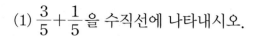

교과서 유형

1-1 $\dfrac{3}{5}+\dfrac{1}{5}$ 은 얼마인지 알아보시오.

(1) $\dfrac{3}{5}+\dfrac{1}{5}$ 을 수직선에 나타내시오.

```
|---|---|---|---|---|
0                   1
```

(2) $\dfrac{3}{5}+\dfrac{1}{5}$ 을 계산하는 방법을 완성하시오.

$$\dfrac{3}{5}+\dfrac{1}{5}=\dfrac{\boxed{}+\boxed{}}{5}=\dfrac{\boxed{}}{5}$$

(3) $\dfrac{3}{5}+\dfrac{1}{5}$ 은 얼마입니까?

(   )

힌트 $\dfrac{3}{5}$ 은 $\dfrac{1}{5}$ 이 3개, $\dfrac{1}{5}$ 은 $\dfrac{1}{5}$ 이 1개이므로

$\dfrac{3}{5}+\dfrac{1}{5}$ 은 $\dfrac{1}{5}$ 이 $3+1=4$(개)입니다.

1-2 $\dfrac{2}{8}+\dfrac{3}{8}$ 은 얼마인지 알아보시오.

(1) $\dfrac{2}{8}+\dfrac{3}{8}$ 을 수직선에 나타내시오.

```
|---|---|---|---|---|---|---|---|
0                               1
```

(2) $\dfrac{2}{8}+\dfrac{3}{8}$ 을 계산하는 방법을 완성하시오.

$$\dfrac{2}{8}+\dfrac{3}{8}=\dfrac{\boxed{}+\boxed{}}{8}=\dfrac{\boxed{}}{8}$$

(3) $\dfrac{2}{8}+\dfrac{3}{8}$ 은 얼마입니까?

(   )

2-1 계산을 하시오.

(1) $\dfrac{3}{7}+\dfrac{2}{7}=\dfrac{\boxed{}}{\boxed{}}$　　(2) $\dfrac{4}{10}+\dfrac{3}{10}=\dfrac{\boxed{}}{\boxed{}}$

힌트 분모가 같은 진분수의 덧셈에서 분모는 변하지 않습니다.

익힘책 유형

2-2 계산을 하시오.

(1) $\dfrac{1}{6}+\dfrac{4}{6}$　　　　(2) $\dfrac{7}{11}+\dfrac{3}{11}$

3-1 두 수의 합을 구하시오.

| $\dfrac{1}{8}$ | $\dfrac{2}{8}$ |

(   )

힌트  $\dfrac{\triangle}{\blacksquare}+\dfrac{\bullet}{\blacksquare}=\dfrac{\triangle+\bullet}{\blacksquare}$

3-2 두 수의 합을 구하시오.

| $\dfrac{2}{13}$ | $\dfrac{5}{13}$ |

(   )

개념 동영상

개념2 분수의 덧셈을 해 볼까요 (1) ― (진분수)+(진분수) ②

● $\frac{3}{4}+\frac{2}{4}$ 알아보기

(1) 그림으로 알아보기

$\frac{3}{4}$은 $\frac{1}{4}$이 3개　$\frac{2}{4}$는 $\frac{1}{4}$이 2개

$\frac{3}{4}+\frac{2}{4}$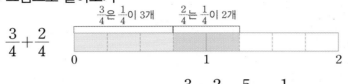

0　　　1　　　2

$$\frac{3}{4}+\frac{2}{4}=\frac{5}{4}=1\frac{1}{4}$$

$\frac{3}{4}+\frac{2}{4}$의 결과는 1보다 큽니다. 1은 $\frac{4}{4}$이고 두 수의 합은 $\frac{4}{4}$보다 크기 때문입니다.

(2) 계산 방법 알아보기

가분수를 대분수로 바꾸어 나타내요!

$$\frac{3}{4}+\frac{2}{4}=\frac{3+2}{4}=\frac{5}{4}=1\frac{1}{4}$$

〈분모가 같은 진분수의 덧셈 방법〉
① 분모는 그대로 두고 분자끼리 더합니다.
② 결과가 가분수이면 대분수로 바꿉니다.

① 개념 체크

❶ $\frac{4}{5}+\frac{2}{5}=\frac{4+2}{5}$

$=\frac{\square}{5}$

$=1\frac{\square}{5}$

❷ $\frac{7}{9}+\frac{7}{9}=\frac{7+7}{9}$

$=\frac{\square}{9}$

$=1\frac{\square}{9}$

오~ 쌍검이 멋있군!

두 검의 무게는 각각 얼마나 되느냐?

인사드립니다! 전설의 무사 킹가밍가 입니다.

왼쪽은 $\frac{2}{7}$ kg, 오른쪽은 $\frac{6}{7}$ kg짜리 칼이죠~

그럼 두 검의 무게의 합은?

분모가 같은 진분수의 덧셈은 분모는 그대로 두고 분자끼리 더하여 결과가 가분수이면 대분수로 바꾸어 쓴다.

$$\frac{2}{7}+\frac{6}{7}=\frac{2+6}{7}=\frac{8}{7}=1\frac{1}{7}$$

무게가 $1\frac{1}{7}$ kg 이나 되는 쌍검을 휘둘렀더니!

교과서 유형

1-1 $\dfrac{4}{5}+\dfrac{3}{5}$ 은 얼마인지 알아보시오.

(1) $\dfrac{4}{5}+\dfrac{3}{5}$ 을 그림에 나타내시오.

(2) $\dfrac{4}{5}+\dfrac{3}{5}$ 을 계산하는 방법을 완성하시오.

$$\dfrac{4}{5}+\dfrac{3}{5}=\dfrac{4+\square}{5}=\dfrac{\square}{5}=\square\dfrac{\square}{5}$$

(3) $\dfrac{4}{5}+\dfrac{3}{5}$ 은 얼마입니까?

(　　　　　　　　　　　)

힌트 $\dfrac{4}{5}$ 는 $\dfrac{1}{5}$ 이 4개, $\dfrac{3}{5}$ 은 $\dfrac{1}{5}$ 이 3개이므로
$\dfrac{4}{5}+\dfrac{3}{5}$ 은 $\dfrac{1}{5}$ 이 4+3=7(개)입니다.

2-1 계산을 하시오.

(1) $\dfrac{5}{7}+\dfrac{4}{7}=\square\dfrac{\square}{\square}$

(2) $\dfrac{3}{10}+\dfrac{8}{10}=\square\dfrac{\square}{\square}$

힌트 분모가 같은 진분수의 덧셈은 분자끼리 더한 다음 결과가 가분수이면 대분수로 바꿉니다.

3-1 빈 곳에 알맞은 대분수를 써넣으시오.

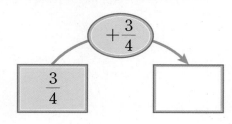

1-2 $\dfrac{2}{3}+\dfrac{2}{3}$ 는 얼마인지 알아보시오.

(1) $\dfrac{2}{3}+\dfrac{2}{3}$ 를 수직선에 나타내시오.

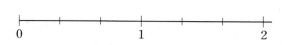

(2) $\dfrac{2}{3}+\dfrac{2}{3}$ 를 계산하는 방법을 완성하시오.

$$\dfrac{2}{3}+\dfrac{2}{3}=\dfrac{\square+\square}{3}=\dfrac{\square}{3}=\square\dfrac{\square}{3}$$

(3) $\dfrac{2}{3}+\dfrac{2}{3}$ 는 얼마입니까?

(　　　　　　　　　　　)

익힘책 유형

2-2 계산을 하시오.

(1) $\dfrac{5}{6}+\dfrac{2}{6}$

(2) $\dfrac{8}{13}+\dfrac{10}{13}$

(3) $\dfrac{6}{7}+\dfrac{6}{7}$

3-2 빈 곳에 알맞은 대분수를 써넣으시오.

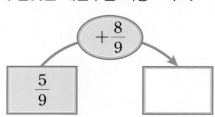

개념 동영상

개념3 분수의 뺄셈을 해 볼까요 (1) ─ (진분수)−(진분수), 1−(진분수)

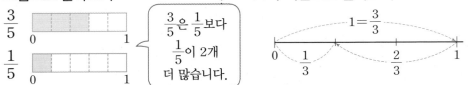

• $\dfrac{3}{5} - \dfrac{1}{5}$ 알아보기

(1) 그림으로 알아보기

$\dfrac{3}{5}$

$\dfrac{1}{5}$

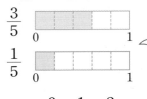

$\dfrac{3}{5}$ 은 $\dfrac{1}{5}$ 보다 $\dfrac{1}{5}$ 이 2개 더 많습니다.

$$\dfrac{3}{5} - \dfrac{1}{5} = \dfrac{2}{5}$$

(2) 계산 방법 알아보기

$$\dfrac{3}{5} - \dfrac{1}{5} = \dfrac{3-1}{5} = \dfrac{2}{5}$$

• $1 - \dfrac{2}{3}$ 알아보기

(1) 수직선으로 알아보기

$1 = \dfrac{3}{3}$

$$1 - \dfrac{2}{3} = \dfrac{1}{3}$$

$\dfrac{1}{3}$ 이 3개

(2) 계산 방법 알아보기

$$1 - \dfrac{2}{3} = \dfrac{3}{3} - \dfrac{2}{3} = \dfrac{3-2}{3} = \dfrac{1}{3}$$

〈분모가 같은 진분수의 뺄셈 방법〉
① 분모는 그대로 둡니다.
② 분자끼리 뺍니다.

$$\dfrac{\blacktriangle}{\blacksquare} - \dfrac{\bullet}{\blacksquare} = \dfrac{\blacktriangle - \bullet}{\blacksquare}$$

❶ $\dfrac{5}{8} - \dfrac{4}{8} = \dfrac{5-4}{8}$

$$= \dfrac{\boxed{}}{8}$$

❷ $1 - \dfrac{2}{4} = \dfrac{4}{4} - \dfrac{2}{4}$

$$= \dfrac{\boxed{}}{4}$$

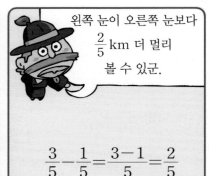

교과서 **유형**

1-1 $1-\dfrac{3}{7}$은 얼마인지 알아보시오.

(1) $1-\dfrac{3}{7}$을 수직선에 나타내시오.

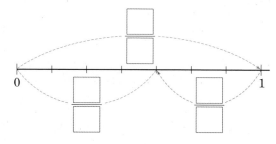

(2) $1-\dfrac{3}{7}$은 얼마입니까?

(　　　　　　　)

힌트 1은 $\dfrac{1}{7}$이 7개이고 $\dfrac{3}{7}$은 $\dfrac{1}{7}$이 3개이므로

$1-\dfrac{3}{7}$은 $\dfrac{1}{7}$이 $7-3=4$(개)입니다.

1-2 $1-\dfrac{1}{4}$은 얼마인지 알아보시오.

(1) 사각형을 1이라고 할 때 $1-\dfrac{1}{4}$을 나타내시오.

(2) $1-\dfrac{1}{4}$은 얼마입니까?

(　　　　　　　)

2-1 계산을 하시오.

(1) $\dfrac{5}{9}-\dfrac{3}{9}=\dfrac{\square}{\square}$ 　　(2) $\dfrac{7}{8}-\dfrac{6}{8}=\dfrac{\square}{\square}$

힌트 분모가 같은 진분수의 뺄셈에서 분모는 변하지 않습니다.

익힘책 **유형**

2-2 계산을 하시오.

(1) $\dfrac{6}{7}-\dfrac{2}{7}$ 　　　　　　(2) $\dfrac{9}{10}-\dfrac{6}{10}$

3-1 •보기•와 같이 계산하시오.

┌─보기─────────────────────┐
　　$1-\dfrac{2}{5}=\dfrac{5}{5}-\dfrac{2}{5}=\dfrac{5-2}{5}=\dfrac{3}{5}$
└──────────────────────────┘

$1-\dfrac{5}{8}$

힌트 자연수 1을 분모와 분자가 같은 분수로 나타냅니다.

3-2 •보기•와 같이 계산하시오.

┌─보기─────────────────────┐
　　$1-\dfrac{5}{9}=\dfrac{9}{9}-\dfrac{5}{9}=\dfrac{9-5}{9}=\dfrac{4}{9}$
└──────────────────────────┘

$1-\dfrac{7}{13}$

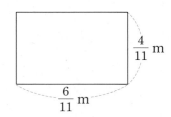

2 STEP 개념 확인하기

1. 분수의 덧셈과 뺄셈

개념1 분수의 덧셈을 해 볼까요 (1)— (진분수)+(진분수) ①

$$\frac{2}{7}+\frac{3}{7}=\frac{2+3}{7}=\frac{5}{7}$$ { 분모는 그대로, 분자끼리 더하기

교과서 유형

01 계산을 하시오.

(1) $\dfrac{1}{9}+\dfrac{4}{9}$

(2) $\dfrac{11}{16}+\dfrac{2}{16}$

02 크기를 비교하여 ○ 안에 >, =, <를 알맞게 써넣으시오.

$$\boxed{\frac{2}{8}+\frac{3}{8}} \quad \bigcirc \quad \boxed{\frac{6}{8}}$$

03 동요 '옹달샘' 악보의 일부입니다. ◯표 한 부분에 있는 음표 ♩의 길이의 합을 구하시오.

옹 달 샘

윤석중 작사
외국 곡

1. 깊 은 산 - 골 옹 달 샘 누 가 와 서 먹 나 요
2. 맑 고 맑 - 은 옹 달 샘 누 가 와 서 먹 나 요

새 벽 에 토 끼 가 눈 비 비 고 일 어 나
달 담 에 노 루 가 숨 바 꼭 질 하 다 가

○ 의 길이	♩ 의 길이	♩ 의 길이	♪ 의 길이
1	$\dfrac{1}{2}$	$\dfrac{1}{4}$	$\dfrac{1}{8}$

(   )

개념2 분수의 덧셈을 해 볼까요 (1)— (진분수)+(진분수) ②

$$\frac{4}{5}+\frac{3}{5}=\frac{4+3}{5}=\frac{7}{5}=1\frac{2}{5}$$

분모는 그대로, 분자끼리 더하기 · 결과가 가분수이면 대분수로 바꾸기

교과서 유형

04 계산을 하시오.

(1) $\dfrac{2}{4}+\dfrac{3}{4}$

(2) $\dfrac{7}{10}+\dfrac{6}{10}$

05 두 수의 합을 빈 곳에 써넣으시오.

$\dfrac{7}{12}$	$\dfrac{10}{12}$

06 직사각형의 네 변의 길이의 합을 구하려고 합니다. 물음에 답하시오.

$\dfrac{4}{11}$ m

$\dfrac{6}{11}$ m

(1) 가로와 세로의 합은 몇 m입니까?

(   )

(2) 네 변의 길이의 합은 몇 m입니까?

(   )

개념3 분수의 뺄셈을 해 볼까요 (1)—(진분수)−(진분수), 1−(진분수)

$$\frac{7}{9} - \frac{5}{9} = \frac{7-5}{9} = \frac{2}{9}$$ 분모는 그대로, 분자끼리 빼기

교과서 유형

07 계산을 하시오.

(1) $\dfrac{6}{8} - \dfrac{5}{8}$

(2) $\dfrac{7}{10} - \dfrac{4}{10}$

08 빈 곳에 알맞은 수를 써넣으시오.

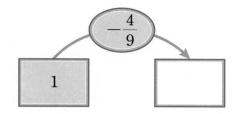

09 잘못된 부분을 바르게 고쳐서 계산하시오.

$$\frac{7}{8} - \frac{2}{8} = \frac{7-2}{8-8} = 5$$

⇨ $\dfrac{7}{8} - \dfrac{2}{8} =$

[10~11] 칠교판의 크기를 1이라고 할 때 각 조각의 크기입니다. 물음에 답하시오.

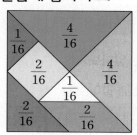

10 전체에서 초록색 조각을 뺐을 때 남은 부분의 크기를 구하시오.

11 가장 큰 조각 한 개와 가장 작은 조각 한 개의 크기의 차를 구하시오.

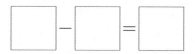

익힘책 유형

12 1 L의 주스가 있습니다. 은정이가 $\dfrac{2}{5}$ L, 민준이가 $\dfrac{1}{5}$ L 마셨습니다. 남은 주스는 몇 L입니까?

( )

해결의 창

• 분수의 덧셈

방법 $\dfrac{▲}{■} + \dfrac{●}{■} = \dfrac{▲+●}{■}$

잘못된 풀이 $\dfrac{6}{12} + \dfrac{5}{12} = \dfrac{6+5}{12+12} = \dfrac{11}{24}$

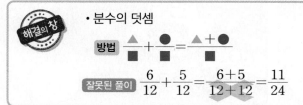

• 분수의 뺄셈

방법 $\dfrac{▲}{■} - \dfrac{●}{■} = \dfrac{▲-●}{■}$

잘못된 풀이 $\dfrac{11}{12} - \dfrac{6}{12} = \dfrac{11-6}{12-12} = 5$

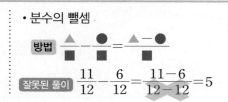

1 분수의 덧셈과 뺄셈

개념 동영상

개념4 분수의 덧셈을 해 볼까요 (2) → 받아올림이 없는 (대분수)+(대분수)

- $1\frac{1}{3}+2\frac{1}{3}$ 알아보기

(1) 그림으로 알아보기

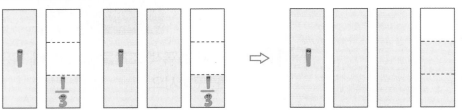

$$1\frac{1}{3}+2\frac{1}{3}=3\frac{2}{3}$$

(2) 계산 방법 알아보기

방법 1 자연수 부분끼리, 진분수 부분끼리 더합니다.

$$1\frac{1}{3}+2\frac{1}{3}=(1+2)+\left(\frac{1}{3}+\frac{1}{3}\right)=3+\frac{2}{3}=3\frac{2}{3}$$

방법 2 대분수를 가분수로 바꾸어 계산합니다.

$$1\frac{1}{3}+2\frac{1}{3}=\frac{4}{3}+\frac{7}{3}=\frac{4+7}{3}=\frac{11}{3}=3\frac{2}{3}$$

개념 체크 🐼

❶ $2\frac{1}{5}+1\frac{2}{5}$

$=3+\dfrac{\square}{5}$

$=3\dfrac{\square}{5}$

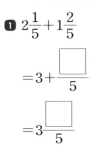

❷ $2\frac{1}{5}+1\frac{2}{5}$

$=\dfrac{11}{5}+\dfrac{7}{5}$

$=\dfrac{\square}{5}$

$=\dfrac{\square}{5}$

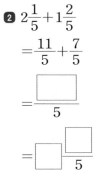

$$10\frac{1}{3}+20\frac{1}{3}=(10+20)+\left(\frac{1}{3}+\frac{1}{3}\right)$$
$$=30+\frac{2}{3}=30\frac{2}{3}$$

개념 체크 정답 ❶ 3, 3 ❷ 18, 3, 3

정답은 4쪽

1-1 $1\frac{2}{4}+1\frac{1}{4}$ 은 얼마인지 알아보시오.

(1) 그림에 알맞게 색칠하시오.

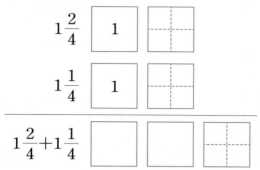

(2) $1\frac{2}{4}+1\frac{1}{4}$ 은 얼마입니까?

( )

힌트 $1\frac{2}{4}$ 는 1과 $\frac{2}{4}$ 만큼, $1\frac{1}{4}$ 은 1과 $\frac{1}{4}$ 만큼 색칠합니다.

1-2 $2\frac{4}{6}+1\frac{1}{6}$ 은 얼마인지 알아보시오.

(1) 그림에 알맞게 색칠하시오.

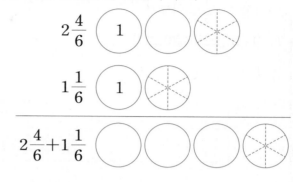

(2) $2\frac{4}{6}+1\frac{1}{6}$ 은 얼마입니까?

( )

2-1 계산을 하시오.

(1) $4\frac{2}{6}+3\frac{3}{6}=$ ☐☐

(2) $1\frac{4}{9}+5\frac{4}{9}=$ ☐☐

힌트 분모가 같은 대분수끼리의 덧셈은 자연수 부분끼리, 진분수 부분끼리 더하여 구하거나 대분수를 가분수로 바꾸어 계산합니다.

2-2 계산을 하시오.

(1) $2\frac{3}{8}+2\frac{4}{8}$

(2) $6\frac{5}{11}+4\frac{3}{11}$

(3) $1\frac{2}{4}+5\frac{1}{4}$

3-1 대분수를 가분수로 바꾸어 계산하시오.

$$1\frac{3}{5}+2\frac{1}{5}$$

힌트 $1\frac{3}{5}=\frac{8}{5}$, $2\frac{1}{5}=\frac{11}{5}$ 로 바꾸어 계산합니다.

3-2 대분수를 가분수로 바꾸어 계산하시오.

$$3\frac{1}{7}+2\frac{4}{7}$$

1

분수의 덧셈과 뺄셈

개념 5 분수의 덧셈을 해 볼까요 (2) → 받아올림이 있는 (대분수)+(대분수)

개념 체크

● $1\frac{2}{5}+1\frac{4}{5}$ 알아보기

(1) 그림으로 알아보기

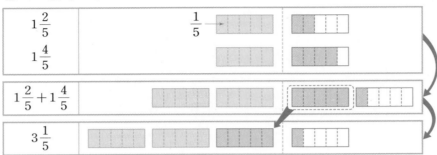

$$1\frac{2}{5}+1\frac{4}{5}=3\frac{1}{5}$$

$1+1=2$, $\frac{2}{5}+\frac{4}{5}$ 는 $\frac{6}{5}$ 으로 1보다 크므로 결과는 3보다 큽니다.

(2) 계산 방법 알아보기

방법 1 자연수 부분끼리, 진분수 부분끼리 더합니다.

$$1\frac{2}{5}+1\frac{4}{5}=(1+1)+\left(\frac{2}{5}+\frac{4}{5}\right)$$
$$=2+1\frac{1}{5}=3\frac{1}{5}$$

방법 2 대분수를 가분수로 바꾸어 계산합니다.

$$1\frac{2}{5}+1\frac{4}{5}=\frac{7}{5}+\frac{9}{5}$$
$$=\frac{16}{5}=3\frac{1}{5}$$

❶ $2\frac{3}{4}+2\frac{2}{4}$

$$=4+\frac{5}{4}$$

$$=4+1\frac{\square}{4}$$

$$=\square\frac{\square}{4}$$

❷ $2\frac{3}{4}+2\frac{2}{4}$

$$=\frac{11}{4}+\frac{10}{4}=\frac{\square}{4}$$

$$=\square\frac{\square}{4}$$

$$6\frac{2}{5}+6\frac{4}{5}=(6+6)+\left(\frac{2}{5}+\frac{4}{5}\right)$$
$$=12+1\frac{1}{5}=13\frac{1}{5}$$

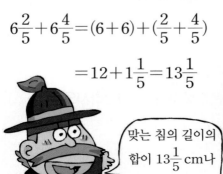

1-1 $1\frac{1}{2}+2\frac{1}{2}$ 은 얼마인지 알아보시오.

(1) $1\frac{1}{2}$ 과 $2\frac{1}{2}$ 을 각각 가분수로 나타내시오.

$$1\frac{1}{2}=\frac{\square}{2}\,,\ 2\frac{1}{2}=\frac{\square}{2}$$

(2) $1\frac{1}{2}+2\frac{1}{2}$ 을 수직선에 나타내시오.

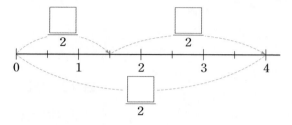

(3) $1\frac{1}{2}+2\frac{1}{2}$ 은 얼마입니까?

(   )

(힌트) $1\frac{1}{2}$ 은 $\frac{1}{2}$ 이 3개, $2\frac{1}{2}$ 은 $\frac{1}{2}$ 이 5개이므로 $1\frac{1}{2}+2\frac{1}{2}$ 은 $\frac{1}{2}$ 이 8개입니다.

1-2 $1\frac{3}{4}+1\frac{2}{4}$ 는 얼마인지 알아보시오.

(1) $1\frac{3}{4}$ 과 $1\frac{2}{4}$ 를 각각 가분수로 나타내시오.

$$1\frac{3}{4}=\frac{\square}{4}\,,\ 1\frac{2}{4}=\frac{\square}{4}$$

(2) $1\frac{3}{4}+1\frac{2}{4}$ 를 수직선에 나타내시오.

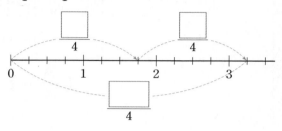

(3) $1\frac{3}{4}+1\frac{2}{4}$ 는 얼마입니까?

(   )

2-1 계산을 하시오.

(1) $2\frac{5}{6}+2\frac{2}{6}=\dfrac{\square}{\square}$

(2) $3\frac{7}{10}+\dfrac{16}{10}=\dfrac{\square}{\square}$

(힌트) 자연수 부분끼리, 진분수 부분끼리 더하여 구하거나 대분수를 가분수로 바꾸어 구합니다.

교과서 유형

2-2 계산을 하시오.

(1) $1\frac{5}{9}+3\frac{8}{9}$

(2) $2\frac{4}{5}+4\frac{1}{5}$

(3) $4\frac{11}{13}+\dfrac{31}{13}$

3-1 빈 곳에 알맞은 대분수를 써넣으시오.

(힌트) 진분수 부분의 합이 가분수이면 대분수로 바꾸어 나타냅니다.

3-2 빈 곳에 알맞은 대분수를 써넣으시오.

분수의 덧셈과 뺄셈

개념 파헤치기

개념 동영상

개념6 분수의 뺄셈을 해 볼까요 (2) — 받아내림이 없는 (대분수)−(대분수)

- $2\frac{3}{4}-1\frac{2}{4}$ 알아보기

  (1) 그림으로 알아보기

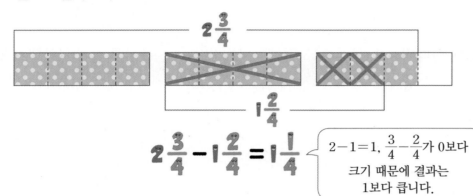

$$2\frac{3}{4}-1\frac{2}{4}=1\frac{1}{4}$$

$2-1=1$, $\frac{3}{4}-\frac{2}{4}$가 0보다 크기 때문에 결과는 1보다 큽니다.

  (2) 계산 방법 알아보기

  방법 1 자연수 부분과 진분수 부분으로 나누어 계산합니다.

  $$2\frac{3}{4}-1\frac{2}{4}=(2-1)+\left(\frac{3}{4}-\frac{2}{4}\right)=1+\frac{1}{4}=1\frac{1}{4}$$

  방법 2 대분수를 가분수로 바꾸어 계산합니다.

  $$2\frac{3}{4}-1\frac{2}{4}=\frac{11}{4}-\frac{6}{4}=\frac{5}{4}=1\frac{1}{4}$$

개념 체크

❶ $3\frac{4}{5}-2\frac{1}{5}$

$$=1+\frac{\boxed{}}{5}$$

$$=1\frac{\boxed{}}{5}$$

❷ $3\frac{4}{5}-2\frac{1}{5}$

$$=\frac{19}{5}-\frac{11}{5}$$

$$=\frac{\boxed{}}{5}$$

$$=\boxed{}\frac{\boxed{}}{5}$$

개념 체크 정답 **❶** 3, 3 **❷** 8, 1, 3

1-1 $2\frac{2}{3}-1\frac{1}{3}$은 얼마인지 알아보시오.

(1) 그림에 $2\frac{2}{3}$를 나타낸 다음, $1\frac{1}{3}$만큼 ×로 지워 보시오.

(2) $2\frac{2}{3}-1\frac{1}{3}$은 얼마입니까?

(   )

힌트) 2에서 1만큼, $\frac{2}{3}$에서 $\frac{1}{3}$만큼 지워 봅니다.

1-2 $3\frac{3}{4}-1\frac{1}{4}$은 얼마인지 알아보시오.

(1) 그림에 $3\frac{3}{4}$을 나타낸 다음, $1\frac{1}{4}$만큼 ×로 지워 보시오.

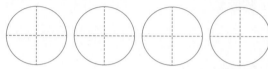

(2) $3\frac{3}{4}-1\frac{1}{4}$은 얼마입니까?

(   )

2-1 계산을 하시오.

(1) $4\frac{3}{5}-2\frac{1}{5}=$ □□

(2) $3\frac{7}{8}-\frac{12}{8}=$ □□

힌트) 자연수 부분끼리, 진분수 부분끼리 빼거나 대분수를 가분수로 바꾸어 구합니다.

교과서 유형

2-2 계산을 하시오.

(1) $7\frac{4}{6}-1\frac{3}{6}$

(2) $2\frac{4}{5}-2\frac{3}{5}$

(3) $5\frac{8}{11}-\frac{49}{11}$

3-1 빈 곳에 알맞은 대분수를 써넣으시오.

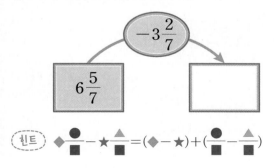

힌트) $\blacklozenge\dfrac{\bullet}{\blacksquare}-\bigstar\dfrac{\blacktriangle}{\blacksquare}=(\blacklozenge-\bigstar)+\left(\dfrac{\bullet}{\blacksquare}-\dfrac{\blacktriangle}{\blacksquare}\right)$

3-2 빈 곳에 알맞은 수를 써넣으시오.

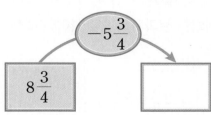

개념4 분수의 덧셈을 해 볼까요 (2)— 받아올림이 없는 (대분수)+(대분수)

방법 1 $1\frac{2}{9}+3\frac{5}{9}=(1+3)+(\frac{2}{9}+\frac{5}{9})=4\frac{7}{9}$

　　　　[자연수끼리] [진분수끼리 더하기]

방법 2 $1\frac{2}{9}+3\frac{5}{9}=\frac{11}{9}+\frac{32}{9}$ ＜가분수로 바꾸기

　　　　$=\frac{43}{9}=4\frac{7}{9}$

교과서 유형

01 계산을 하시오.

(1) $1\frac{1}{5}+2\frac{1}{5}$

(2) $3\frac{2}{8}+1\frac{3}{8}$

02 □ 안에 두 수의 합을 써넣으시오.

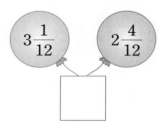

익힘책 유형

03 어림한 결과가 3과 4 사이인 덧셈식에 ○표 하시오.

$2\frac{3}{5}+2\frac{1}{5}$	$1\frac{2}{4}+2\frac{1}{4}$
(　　)	(　　)

04 사과는 $3\frac{2}{6}$ kg, 배는 $2\frac{3}{6}$ kg 있습니다. 사과와 배는 모두 몇 kg인지 식을 쓰고 답을 구하시오.

식 _____

답 _____

개념5 분수의 덧셈을 해 볼까요 (2)— 받아올림이 있는 (대분수)+(대분수)

방법 1 $2\frac{3}{4}+1\frac{2}{4}=(2+1)+(\frac{3}{4}+\frac{2}{4})$ ＜자연수끼리, 진분수끼리 더하기

　　　　$=3+1\frac{1}{4}=4\frac{1}{4}$

방법 2 $2\frac{3}{4}+1\frac{2}{4}=\frac{11}{4}+\frac{6}{4}$ ＜가분수로 바꾸기

　　　　$=\frac{17}{4}=4\frac{1}{4}$

교과서 유형

05 계산을 하시오.

(1) $1\frac{2}{5}+2\frac{4}{5}$

(2) $3\frac{7}{9}+\frac{44}{9}$

06 계산 결과를 찾아 선으로 이으시오.

$1\frac{5}{7}+2\frac{3}{7}$ •	• $4\frac{1}{7}$
	• $3\frac{1}{7}$
$2\frac{2}{7}+2\frac{6}{7}$ •	• $5\frac{1}{7}$

07 다음과 같은 방법으로 $3\frac{6}{7}+2\frac{4}{7}$를 계산하시오.

대분수를 가분수로 바꾸어 계산했어.

$$1\frac{2}{5}+2\frac{4}{5}=\frac{7}{5}+\frac{14}{5}=\frac{21}{5}=4\frac{1}{5}$$

$$3\frac{6}{7}+2\frac{4}{7}=$$

08 가장 큰 수와 가장 작은 수의 합을 구하시오.

$$2\frac{3}{11} \qquad 1\frac{9}{11} \qquad 6\frac{5}{11}$$

( )

09 다음이 나타내는 수를 구하시오.

$$1\frac{2}{7}\text{보다 } 2\frac{6}{7}\text{ 큰 수}$$

( )

개념 6 분수의 뺄셈을 해 볼까요 (2) — 받아내림이 없는 (대분수)−(대분수)

방법 1 $4\frac{3}{5}-1\frac{2}{5}=(4-1)+\left(\frac{3}{5}-\frac{2}{5}\right)=3\frac{1}{5}$

자연수끼리 빼기 / 진분수끼리 빼기

방법 2 $4\frac{3}{5}-1\frac{2}{5}=\frac{23}{5}-\frac{7}{5}$ ← 가분수로 바꾸기

$$=\frac{16}{5}=3\frac{1}{5}$$

교과서 유형

10 계산을 하시오.

(1) $5\frac{7}{9}-2\frac{2}{9}$

(2) $2\frac{5}{6}-\frac{10}{6}$

11 ☐ 안에 알맞은 대분수를 써넣으시오.

$4\frac{6}{7}$

$2\frac{4}{7}$

12 윤하의 몸무게는 $38\frac{8}{10}$ kg이고, 정윤이의 몸무게는 $40\frac{9}{10}$ kg입니다. 정윤이가 윤하보다 몇 kg 더 무겁습니까?

( )

 • 대분수끼리의 덧셈과 뺄셈

방법 1 자연수끼리, 분수끼리 계산한 다음 더합니다.

방법 2 대분수를 가분수로 바꾸어 계산합니다. 이때 결과가 가분수이면 대분수로 바꾸어 나타냅니다.

분수의 덧셈과 뺄셈

개념7 분수의 뺄셈을 해 볼까요 (3) → (자연수)−(분수)

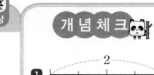
개념 동영상

개 념 체 크

- $2-\dfrac{4}{5}$ 알아보기

자연수에서 1만큼을 분수로 바꿉니다.

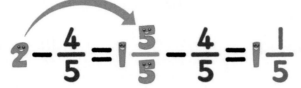

$$2-\dfrac{4}{5}=1\dfrac{5}{5}-\dfrac{4}{5}=1\dfrac{1}{5}$$

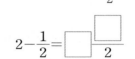

$$2-\dfrac{1}{2}=\boxed{}\dfrac{\boxed{}}{2}$$

- $3-1\dfrac{4}{5}$ 알아보기

방법 1 자연수에서 1만큼을 분수로 바꾸어 계산합니다.

$$3-1\dfrac{4}{5}=2\dfrac{5}{5}-1\dfrac{4}{5}=(2-1)+\left(\dfrac{5}{5}-\dfrac{4}{5}\right)=1+\dfrac{1}{5}=1\dfrac{1}{5}$$

└─ $3=2+1=2+\dfrac{5}{5}=2\dfrac{5}{5}$

└─ 자연수 부분끼리, 분수 부분끼리 빼기

방법 2 가분수로 바꾸어 계산합니다.

$$3-1\dfrac{4}{5}=\dfrac{15}{5}-\dfrac{9}{5}=\dfrac{6}{5}=1\dfrac{1}{5}$$

└─ 가분수로 바꾸기　└─ 대분수로 바꾸기

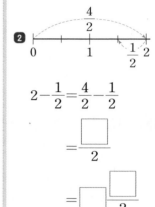

$$2-\dfrac{1}{2}=\dfrac{4}{2}-\dfrac{1}{2}$$

$$=\dfrac{\boxed{}}{2}$$

$$=\boxed{}\dfrac{\boxed{}}{2}$$

개념체크정답 **1** 1, 1　**2** 3, 1, 1

1-1 그림을 보고 $3-\dfrac{2}{3}$ 는 얼마인지 알아보시오.

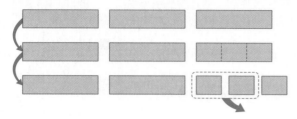

$$3-\dfrac{2}{3}=2\dfrac{3}{3}-\dfrac{2}{3}$$

$$=2+\dfrac{\boxed{}}{3}=\boxed{}\dfrac{\boxed{}}{3}$$

힌트 3을 $2\dfrac{3}{3}$으로 바꾸어 계산합니다.

1-2 그림을 보고 $2-\dfrac{3}{5}$ 은 얼마인지 알아보시오.

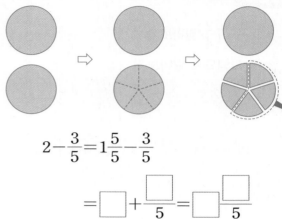

$$2-\dfrac{3}{5}=1\dfrac{5}{5}-\dfrac{3}{5}$$

$$=\boxed{}+\dfrac{\boxed{}}{5}=\boxed{}\dfrac{\boxed{}}{5}$$

익힘책 유형

2-1 $2-1\dfrac{3}{7}$ 을 알아보려고 합니다. ☐ 안에 알맞은 수를 써넣으시오.

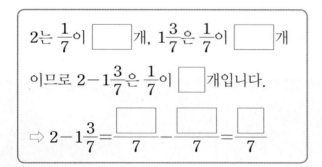

2는 $\dfrac{1}{7}$이 ☐ 개, $1\dfrac{3}{7}$은 $\dfrac{1}{7}$이 ☐ 개

이므로 $2-1\dfrac{3}{7}$은 $\dfrac{1}{7}$이 ☐ 개입니다.

$\Rightarrow 2-1\dfrac{3}{7}=\dfrac{\boxed{}}{7}-\dfrac{\boxed{}}{7}=\dfrac{\boxed{}}{7}$

힌트 $2=\dfrac{14}{7}$, $1\dfrac{3}{7}=\dfrac{10}{7}$임을 이용합니다.

2-2 $4-2\dfrac{1}{2}$ 을 알아보려고 합니다. ☐ 안에 알맞은 수를 써넣으시오.

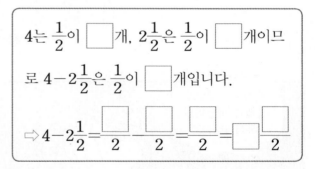

4는 $\dfrac{1}{2}$이 ☐ 개, $2\dfrac{1}{2}$은 $\dfrac{1}{2}$이 ☐ 개이므

로 $4-2\dfrac{1}{2}$은 $\dfrac{1}{2}$이 ☐ 개입니다.

$\Rightarrow 4-2\dfrac{1}{2}=\dfrac{\boxed{}}{2}-\dfrac{\boxed{}}{2}=\dfrac{\boxed{}}{2}=\boxed{}\dfrac{\boxed{}}{2}$

3-1 계산을 하시오.

(1) $6-\dfrac{3}{4}=\boxed{}\,\dfrac{\boxed{}}{}$

(2) $5-1\dfrac{7}{9}=\boxed{}\,\dfrac{\boxed{}}{}$

힌트 자연수에서 1만큼을 분수로 바꾸거나 가분수로 바꾸어 계산합니다.

교과서 유형

3-2 계산을 하시오.

(1) $4-\dfrac{2}{5}$

(2) $9-3\dfrac{7}{10}$

개념8 분수의 뺄셈을 해 볼까요 (4) → 받아내림이 있는 (대분수)−(대분수)

개념 동영상

- $3\frac{1}{4} - 1\frac{2}{4}$ 알아보기

(1) 그림으로 알아보기

$$3\frac{1}{4} - 1\frac{2}{4} = 1\frac{3}{4}$$

$3-1=2$이고, $\frac{1}{4}$에서 $\frac{2}{4}$를 뺄 수 없어서 1을 빌려 와야 하므로 결과는 2보다 작아.

(2) 계산 방법 알아보기

방법 1 자연수에서 1만큼을 분수로 바꾸어 계산합니다.

$$3\frac{1}{4} - 1\frac{2}{4} = 2\frac{5}{4} - 1\frac{2}{4} = (2-1)+\left(\frac{5}{4} - \frac{2}{4}\right) = 1 + \frac{3}{4} = 1\frac{3}{4}$$

$3\frac{1}{4}=3+\frac{1}{4}=2+1+\frac{1}{4}=2+\frac{4}{4}+\frac{1}{4}=2+\frac{5}{4}=2\frac{5}{4}$

자연수끼리, 분수끼리 빼기

방법 2 가분수로 바꾸어 계산합니다.

$$3\frac{1}{4} - 1\frac{2}{4} = \frac{13}{4} - \frac{6}{4} = \frac{7}{4} = 1\frac{3}{4}$$

가분수로 바꾸기 / 대분수로 바꾸기

❶ $4\frac{1}{5} - 2\frac{3}{5}$

$$= 3\frac{6}{5} - 2\frac{3}{5}$$

$$= (3-2)+\left(\frac{6}{5} - \frac{3}{5}\right)$$

$$= 1 + \frac{\boxed{}}{5} = 1\frac{\boxed{}}{5}$$

❷ $4\frac{1}{5} - 2\frac{3}{5}$

$$= \frac{21}{5} - \frac{13}{5}$$

$$= \frac{\boxed{}}{5} = 1\frac{\boxed{}}{5}$$

$$3\frac{1}{4} - 1\frac{2}{4} = \frac{13}{4} - \frac{6}{4} = \frac{7}{4} = 1\frac{3}{4}$$

개념 체크 정답 **❶** 3, 3 **❷** 8, 3

1-1 $4\frac{1}{3}-1\frac{2}{3}$ 는 얼마인지 알아보시오.

(1) $4\frac{1}{3}$ 에서 $1\frac{2}{3}$ 만큼 $\times$ 로 지워 보시오.

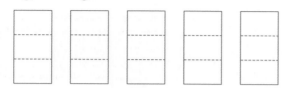

(2) $4\frac{1}{3}-1\frac{2}{3}$ 는 얼마입니까?

(　　　　　　　　　　　)

힌트 $4\frac{1}{3}$ 에서 $1\frac{2}{3}$ 만큼 지우면 $\frac{1}{3}$ 이 몇만큼 남는지 알아봅니다.

1-2 $2\frac{3}{8}-1\frac{7}{8}$ 은 얼마인지 알아보시오.

(1) $2\frac{3}{8}$ 에서 $1\frac{7}{8}$ 만큼 $\times$ 로 지워 보시오.

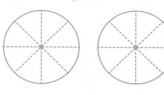

(2) $2\frac{3}{8}-1\frac{7}{8}$ 은 얼마입니까?

(　　　　　　　　　　　)

교과서 유형

2-1 수직선을 이용하여 $2\frac{2}{5}-1\frac{4}{5}$ 는 얼마인지 알아보시오.

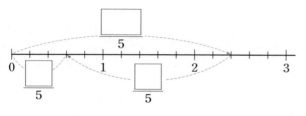

$$2\frac{2}{5}-1\frac{4}{5}=\frac{\square}{5}$$

힌트 $2\frac{2}{5}$ 는 $\frac{1}{5}$ 이 12개, $1\frac{4}{5}$ 는 $\frac{1}{5}$ 이 9개이므로 $2\frac{2}{5}-1\frac{4}{5}$ 는 $\frac{1}{5}$ 이 12-9=3(개)입니다.

2-2 수직선을 이용하여 $4\frac{1}{3}-2\frac{2}{3}$ 는 얼마인지 알아보시오.

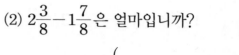

$$4\frac{1}{3}-2\frac{2}{3}=\frac{\square}{3}=\square\frac{\square}{3}$$

3-1 계산을 하시오.

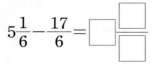

$$5\frac{1}{6}-\frac{17}{6}=\square\frac{\square}{\square}$$

힌트 대분수를 가분수로 바꾸어 계산합니다.

익힘책 유형

3-2 계산을 하시오.

$$4\frac{5}{7}-\frac{13}{7}$$

개념7 분수의 뺄셈을 해 볼까요 (3)—(자연수)−(분수)

방법 1 $4 - \dfrac{1}{2} = 3\dfrac{2}{2} - \dfrac{1}{2} = 3\dfrac{1}{2}$

4에서 1만큼을 분수로 바꾸기

방법 2 $4 - \dfrac{1}{2} = \dfrac{8}{2} - \dfrac{1}{2} = \dfrac{7}{2} = 3\dfrac{1}{2}$

가분수로 바꾸기

교과서 유형

01 계산을 하시오.

(1) $2 - \dfrac{5}{6}$

(2) $5 - 3\dfrac{1}{2}$

02 •보기•와 같은 방법으로 계산하시오.

┌보기┐
$4 - \dfrac{2}{3} = \dfrac{12}{3} - \dfrac{2}{3} = \dfrac{10}{3} = 3\dfrac{1}{3}$
└────┘

$3 - \dfrac{5}{7}$

03 두 수의 차를 구하시오.

| $4\dfrac{1}{5}$ | | 8 |

( )

04 빈 곳에 알맞은 대분수를 써넣으시오.

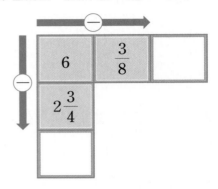

익힘책 유형

05 어림한 결과가 2와 3 사이인 뺄셈식에 모두 ○표 하시오.

| $3 - \dfrac{7}{9}$ | $8 - 6\dfrac{1}{2}$ | $5 - 2\dfrac{3}{7}$ |

( ) ( ) ( )

06 은하가 오늘 하루 학교에서 보낸 시간입니다. 은하가 학교에 있지 않았던 시간은 몇 시간인지 대분수로 나타내시오.

오늘 하루 중 $6\dfrac{1}{3}$시간 동안 학교에서 있었어.

은하

( )

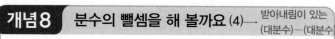

개념8 분수의 뺄셈을 해 볼까요 (4) — 받아내림이 있는 (대분수)−(대분수)

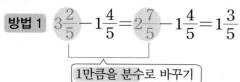

방법 1 $3\frac{2}{5}-1\frac{4}{5}=2\frac{7}{5}-1\frac{4}{5}=1\frac{3}{5}$

1만큼을 분수로 바꾸기

방법 2 $3\frac{2}{5}-1\frac{4}{5}=\frac{17}{5}-\frac{9}{5}=\frac{8}{5}=1\frac{3}{5}$

가분수로 바꾸기

교과서 유형

07 계산을 하시오.

(1) $4\frac{2}{5}-2\frac{3}{5}$

(2) $7\frac{6}{11}-\frac{31}{11}$

08 빈 곳에 알맞은 대분수를 써넣으시오.

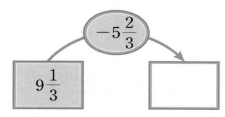

09 크기를 비교하여 ○ 안에 >, =, <를 알맞게 써넣으시오.

$$6\frac{1}{8}-3\frac{4}{8} \quad \bigcirc \quad 3$$

10 $5\frac{1}{4}-3\frac{2}{4}$를 2가지 방법으로 구하시오.

방법 1

방법 2

11 은수는 $3\frac{5}{9}$ m의 색 테이프 중 $1\frac{8}{9}$ m를 사용하였습니다. 은수가 사용하고 남은 색 테이프는 몇 m입니까?

( )

익힘책 유형

12 분수 카드 2장을 골라 차가 가장 큰 뺄셈식을 만드시오.

식 _____

답 _____

 해결의 창

• $3\frac{2}{5}-1\frac{4}{5}$ 계산 방법

방법 1 $3\frac{2}{5}-1\frac{4}{5}=2\frac{7}{5}-1\frac{4}{5}=1\frac{3}{5}$

$3\frac{2}{5}-1\frac{4}{5}=3\frac{7}{5}-1\frac{4}{5}=2\frac{3}{5}$ ✗

방법 2 $3\frac{2}{5}-1\frac{4}{5}=\frac{17}{5}-\frac{9}{5}=\frac{17-9}{5}=1\frac{3}{5}$

$3\frac{2}{5}-1\frac{4}{5}=\frac{17}{5}-\frac{9}{5}=\frac{17-9}{5-5}=8$ ✗

1 분수의 덧셈과 뺄셈

01 수직선을 보고 □ 안에 알맞은 수를 써넣으시오.

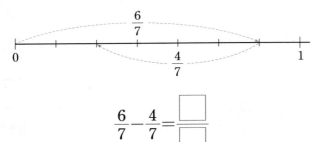

$$\frac{6}{7} - \frac{4}{7} = \frac{\square}{\square}$$

02 $\frac{2}{5} + \frac{4}{5}$를 그림에 표시하고 □ 안에 알맞은 수를 써넣으시오.

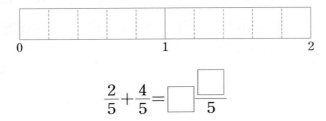

$$\frac{2}{5} + \frac{4}{5} = \square\frac{\square}{5}$$

03 □ 안에 알맞은 수를 써넣으시오.

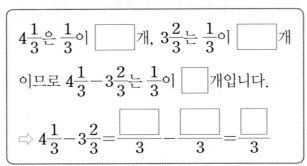

$4\frac{1}{3}$은 $\frac{1}{3}$이 □개, $3\frac{2}{3}$는 $\frac{1}{3}$이 □개

이므로 $4\frac{1}{3} - 3\frac{2}{3}$는 $\frac{1}{3}$이 □개입니다.

$\Rightarrow 4\frac{1}{3} - 3\frac{2}{3} = \frac{\square}{3} - \frac{\square}{3} = \frac{\square}{3}$

04 덧셈을 하시오.

(1) $\frac{6}{10} + \frac{3}{10}$

(2) $6\frac{4}{9} + 1\frac{2}{9}$

05 뺄셈을 하시오.

(1) $3 - \frac{7}{10}$

(2) $5\frac{3}{4} - 2\frac{2}{4}$

06 •보기•와 같이 계산하시오.

┌─보기─┐
$$5 - 2\frac{1}{3} = \frac{15}{3} - \frac{7}{3} = \frac{8}{3} = 2\frac{2}{3}$$
└────┘

$8 - 4\frac{3}{5}$

07 빈 곳에 알맞은 대분수를 써넣으시오.

$2\frac{5}{7}$ $+\frac{27}{7}$ →

08 어림한 결과가 1과 2 사이인 식에 ○표 하시오.

$$1-\frac{4}{5} \qquad 1\frac{1}{2}+1\frac{1}{2} \qquad 4\frac{1}{6}-2\frac{5}{6}$$

(   )   (   )   (   )

09 다음 중 계산이 <u>틀린</u> 것은 어느 것입니까? ·········· (   )

① $\frac{3}{5}+\frac{4}{5}=1\frac{2}{5}$ ② $\frac{3}{4}+\frac{2}{4}=1\frac{1}{4}$

③ $4-\frac{1}{3}=3\frac{1}{3}$ ④ $\frac{8}{9}-\frac{2}{9}=\frac{6}{9}$

⑤ $\frac{10}{13}+\frac{1}{13}=\frac{11}{13}$

10 지수의 질문에 대한 답변을 쓰시오.

분수를 더할 때 왜 분모는 그대로 두고 분자만 더해? $\frac{4}{9}+\frac{1}{9}=\frac{5}{18}$가 아니야?

지수

11 계산 결과의 크기를 비교하여 ○ 안에 >, =, < 를 알맞게 써넣으시오.

$$6\frac{5}{8}-2\frac{1}{8} \qquad \bigcirc \qquad 10\frac{2}{8}-5\frac{5}{8}$$

12 □ 안에 알맞은 대분수를 써넣으시오.

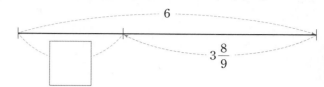

6

$3\frac{8}{9}$

 유사 문제

13 두 수의 합과 차를 각각 구하시오.

$\frac{13}{15}$ $\frac{8}{15}$

합 (   )

차 (   )

 유사 문제

14 ★은 얼마입니까?

★은 $1\frac{7}{10}$보다 $2\frac{6}{10}$ 큰 수야.

(   )

 유사 문제

15 정우는 전체 거리가 $7\frac{3}{5}$ km인 둘레길의 $\frac{14}{5}$ km 를 걸었습니다. 정우가 더 걸어야 할 거리는 몇 km인지 식을 쓰고 답을 구하시오.

식 _____

답 _____

정답은 8쪽

16 정삼각형의 세 변의 길이의 합은 몇 cm입니까?

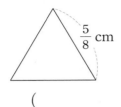

$\frac{5}{8}$ cm

(   )

17 □ 안에 알맞은 대분수를 구하시오.

$$6\frac{8}{11} + \boxed{} = 10\frac{3}{11}$$

(   )

18 •보기•에서 두 수를 골라 □ 안에 써넣어 계산 결과가 가장 큰 뺄셈식을 만들고 답을 구하시오.

┌ 보기 ┐
2, 5, 9

식 $7 - \dfrac{\boxed{}}{10}$

답 _____

19 ⑵ 1부터 9까지의 숫자 중 □ 안에 들어갈 수 있는 숫자를 모두 쓰시오.

⑴ $\dfrac{6}{9} + \dfrac{\boxed{}}{9} < 1$

(   )

해결의 법칙

⑴ 분수끼리 합이 1보다 작게 되는 경우를 생각해 봅니다.

⑵ □ 안에 들어갈 수를 모두 찾습니다.

20 ⑶ 식이 알맞도록 □ 안에 알맞은 분수를 써넣으시오.

⑵

| $2\frac{3}{5}$ | $1\frac{3}{5}$ | $3\frac{2}{5}$ | $1\frac{2}{5}$ |

⑴ $\boxed{} + \boxed{} = 4$

해결의 법칙

⑴ 대분수끼리 덧셈 방법을 알고 결과가 자연수가 되는 경우를 생각해 봅니다.

⑵ 주어진 분수 중 두 수를 골라 식에 넣어봅니다.

⑶ 알맞은 분수를 찾아 식을 완성합니다.

QR 코드를 찍어 게임을 해 보고 이번 단원을 확실히 익혀 보세요!

❶ 시환이와 지수가 식빵을 만들려고 합니다. 식빵 한 개를 만들 때 다음과 같은 재료가 필요합니다. 시환이와 지수에게 필요한 밀가루의 양은 모두 몇 kg입니까?

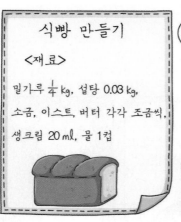

식빵 만들기

<재료>

밀가루 $\frac{1}{4}$ kg, 설탕 0.03 kg, 소금, 이스트, 버터 각각 조금씩, 생크림 20 mL, 물 1컵

식빵 몇 개를 만들까?

음, 10개를 만들자.

열 개

(   )

❷ •보기•와 같이 1을 두 진분수의 합으로 나타내어 보시오.

┌ 보기 ┐

1을 분모가 5인 두 진분수의 합으로 나타내기

예 $1 = \frac{1}{5} + \frac{4}{5}$, $1 = \frac{2}{5} + \frac{3}{5}$

$1 = \frac{2}{2} = \frac{3}{3} = \frac{4}{4}$ ……처럼 나타낼 수 있지~

(1) 1을 분모가 4인 두 진분수의 합으로 나타내기

$$1 = \frac{\Box}{4} + \frac{\Box}{4}$$

(2) 1을 분모가 7인 두 진분수의 합으로 나타내기

$$1 = \frac{\Box}{7} + \frac{\Box}{7}$$

2 삼각형

제2화 어사 일행은 과연 함정에 빠질까?

이미 배운 내용	이번에 배울 내용	앞으로 배울 내용
[4-1 각도] • 예각 알아보기 • 둔각 알아보기 • 삼각형의 세 각의 크기의 합	·변의 길이에 따라 삼각형 분류하고 알아보기 ·각의 크기에 따라 삼각형 분류하고 알아보기	[4-2 사각형] • 수직 알아보기 • 평행 알아보기 • 사다리꼴, 평행사변형, 마름모 • 여러 가지 사각형

1 STEP 개념 파헤치기

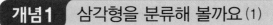

개념1 삼각형을 분류해 볼까요 (1)

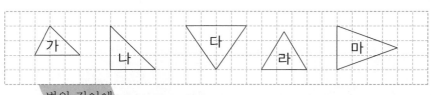

변의 길이에
따라
3종류로
분류

두 변의 길이만 같은 삼각형	나, 다, 마
세 변의 길이가 모두 같은 삼각형	라
세 변의 길이가 모두 다른 삼각형	가

- 두 변의 길이가 같은 삼각형: 이등변삼각형
- 세 변의 길이가 같은 삼각형: 정삼각형

난 정삼각형이지만 두 변의 길이가 같아서 이등변삼각형도 돼.

개 념 체 크

❶ ☐ 변의 길이가 같은 삼각형을 이등변삼각형이라고 합니다.

❷ ☐ 변의 길이가 같은 삼각형을 정삼각형이라고 합니다.

앗? 바닥에 여러 가지 삼각형이 그려져 있어요~

두 변의 길이만 같은 삼각형을 밟으면 함정에 빠지지 않는다!
푯말에 이렇게 쓰여 있네?

이등변 삼각형이지만 정삼각형은 아니어야 하니까 변의 길이를 살펴 보자.
- 이등변삼각형 ⇨ 나, 다, 라, 마
- 정삼각형 ⇨ 라

어서 이 등변삼각형을 밟고 지나 가자!
그, 그래요~
그런데 뭔가 좀 이상한데.

산도가 앞서서 이등변삼각형을 찾아 밟고 가거라!
제, 제가 먼저요? 아, 알겠습니다.

으음… 이등변 삼각형이… 뭐였더라…

개 념 체 크 정 답 ❶ 두 ❷ 세

교과서 유형

1-1 삼각형을 변의 길이에 따라 분류하려고 합니다. □ 안에 알맞은 기호를 써넣으시오.

변의 길이가 같은 삼각형	변의 길이가 모두 다른 삼각형
가 , □	□

힌트 변의 길이가 같은 삼각형에도 두 변의 길이만 같은 삼각형, 세 변의 길이가 모두 같은 삼각형이 있습니다.

1-2 삼각형을 변의 길이에 따라 분류하려고 합니다. □ 안에 알맞은 기호를 써넣으시오.

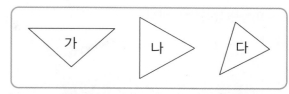

두 변의 길이만 같은 삼각형	세 변의 길이가 모두 같은 삼각형
□ , □	□

익힘책 유형

2-1 이등변삼각형입니다. □ 안에 알맞은 수를 써넣으시오.

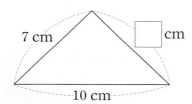

힌트 두 변의 길이가 같은 삼각형을 이등변삼각형이라고 합니다.

2-2 이등변삼각형입니다. □ 안에 알맞은 수를 써넣으시오.

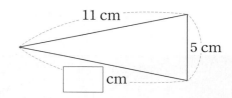

익힘책 유형

3-1 정삼각형입니다. □ 안에 알맞은 수를 써넣으시오.

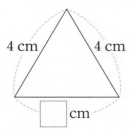

힌트 세 변의 길이가 같은 삼각형을 정삼각형이라고 합니다.

3-2 정삼각형입니다. □ 안에 알맞은 수를 써넣으시오.

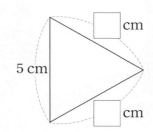

개념 동영상

개념2 이등변삼각형의 성질을 알아볼까요

개념 체크

- **이등변삼각형의 성질**

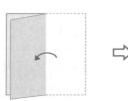 ⇨  ⇨ 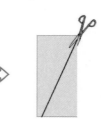 ⇨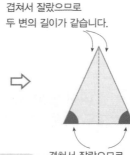

겹쳐서 잘랐으므로
두 변의 길이가 같습니다.

이등변삼각형은 두 각의 크기가 같습니다.

겹쳐서 잘랐으므로
두 각의 크기가 같습니다.

❶

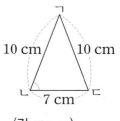

10 cm   10 cm

7 cm

(각 ㄱㄴㄷ)

=(각 □□□)

- **이등변삼각형 그리기**

두 변의 길이가
같은 삼각형

방법 1

3 cm

3 cm ⇨

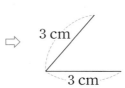 ⇨

3 cm

방법 2

 ⇨  ⇨

40   40

두 각의 크기가
같은 삼각형

❷

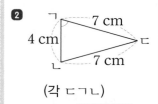

4 cm   7 cm

7 cm

(각 ㄷㄱㄴ)

=(각 □□□)

이등변삼각형의
성질을 알면
쉽게 찾을 수
있어~

이등변삼각형의
성질이 온순한지
괴팍한지 알아야
하나요?

뭐…래?

이등변삼각형은
두 각의 크기가
같잖아~!
요렇게~!!

어사님을
호위하느라
공부할 시간이
없어서 그런거죠!

산도가
또 상처
받았군.

흑흑흑~
나 상처
받았어~

아저씨가
화가 많이
나셨나 봐.
어쩌지?

크크~
방법이
있지~

이것
때문은 아
니에옷!

아~
알았어.

개념 체크 정답 ❶ ㄱㄷㄴ 또는 ㄴㄷㄱ ❷ ㄷㄴㄱ 또는 ㄱㄴㄷ

교과서 유형

1-1 주어진 선분을 두 변으로 하는 이등변삼각형을 각각 완성하시오.

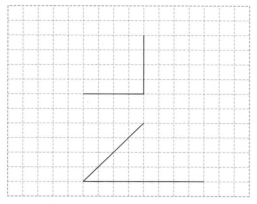

(힌트) 두 변의 길이가 같은 삼각형을 그려 봅니다.

1-2 주어진 선분을 한 변으로 하는 이등변삼각형을 각각 완성하시오.

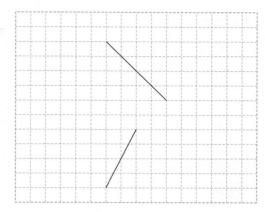

2-1 이등변삼각형입니다. □ 안에 알맞은 수를 써넣으시오.

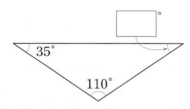

(힌트) 이등변삼각형은 두 각의 크기가 같습니다.

2-2 이등변삼각형입니다. □ 안에 알맞은 수를 써넣으시오.

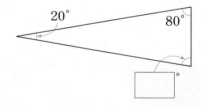

익힘책 유형

3-1 선분 ㄱㄴ을 이용하여 •보기•와 같은 이등변삼각형을 그려 보시오.

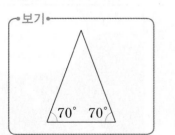

•보기•

ㄱ——————ㄴ

(힌트) 선분 ㄱㄴ의 양 끝에 각각 70°인 각을 그리고, 두 각의 변이 만나는 점을 찾아 삼각형을 완성합니다.

3-2 선분 ㄱㄴ을 이용하여 •보기•와 같은 이등변삼각형을 그려 보시오.

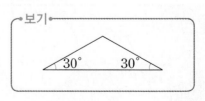

•보기•

ㄱ——————ㄴ

1 STEP 개념 파헤치기

개념3 정삼각형의 성질을 알아볼까요   개념 동영상

개념 체크

● 정삼각형의 성질

① 정삼각형은 세 각의 크기가 같습니다.

② 정삼각형의 세 각의 크기가 모두 60°입니다.

❶ 정삼각형은 세 각의 크기가 (같습니다 , 다릅니다).

> 정삼각형의 세 각의 크기는 같고 삼각형의 세 각의 크기의 합은 180°이므로 한 각의 크기는 60°야.

● 정삼각형 그리기

방법 1

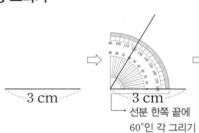
—3 cm—

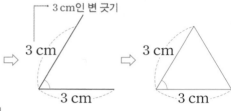
3 cm
선분 한쪽 끝에 60°인 각 그리기

3 cm인 변 긋기
3 cm
3 cm

3 cm
3 cm

❷ 정삼각형의 한 각의 크기는 (30° , 60°)입니다.

방법 2

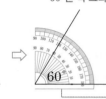
60°

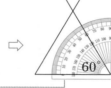
60°
주어진 선분의 양 끝에 각각 60°인 각 그리기

60°   60°

개념 체크 정답 ❶ 같습니다에 ○표 ❷ 60°에 ○표

교과서 **유형**

1-1 정삼각형의 성질을 알아보려고 합니다. 물음에 답하시오.

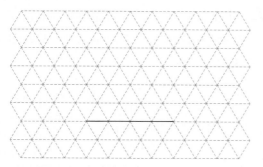

(1) 정삼각형을 완성하시오.

(2) 정삼각형의 세 각의 크기를 재어 보고 알맞은 말에 ○표 하시오.

> 정삼각형은 세 각의 크기가 (같습니다 , 다릅니다).

힌트 세 변의 길이가 같은 삼각형을 정삼각형이라고 합니다.

익힘책 **유형**

2-1 정삼각형입니다. □ 안에 알맞은 수를 써넣으시오.

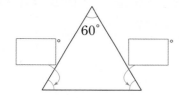

힌트 정삼각형은 세 각의 크기가 같습니다.

3-1 정삼각형을 그려 보시오.

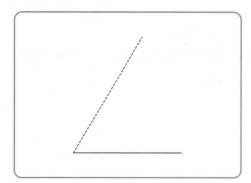

힌트 세 변의 길이가 모두 같도록 나머지 두 변을 그어 완성합니다.

1-2 정삼각형의 성질을 알아보려고 합니다. 물음에 답하시오.

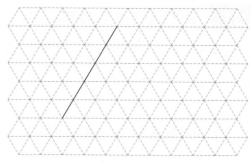

(1) 정삼각형을 완성하시오.

(2) 정삼각형의 세 각의 크기를 재어 보고 알맞은 것에 ○표 하시오.

> 정삼각형의 세 각의 크기는 (같고 , 다르고) 한 각의 크기는 (60° , 180°)입니다.

2-2 정삼각형입니다. □ 안에 알맞은 수를 써넣으시오.

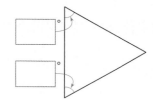

3-2 정삼각형을 그려 보시오.

2. 삼각형

43

2 삼각형

개념1 삼각형을 분류해 볼까요 (1)

• 이등변삼각형: 두 변의 길이가 같은 삼각형
• 정삼각형: 세 변의 길이가 같은 삼각형

[01~02] 삼각형을 보고 물음에 답하시오.

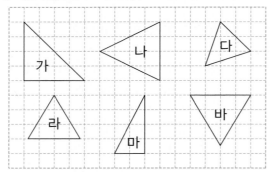

01 이등변삼각형을 모두 찾아 기호를 쓰시오.

가 , ☐ , ☐ , ☐ , ☐

02 정삼각형을 모두 찾아 기호를 쓰시오.

☐ , ☐

익힘책 유형

03 ☐ 안에 알맞은 수를 써넣으시오.

| 이등변삼각형 | 정삼각형 |

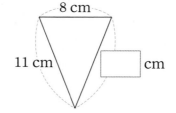

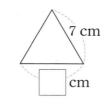

04 가지고 있는 막대 3개를 겹치지 않게 이어 붙여 이등변삼각형을 만들 수 있는 사람의 이름을 쓰시오.

내가 가지고 있는 막대의 길이는 9 cm, 5 cm, 6 cm야.

난 길이가 7 cm, 10 cm, 7 cm인 막대를 가지고 있어.

성우   연아

(   )

개념2 이등변삼각형의 성질을 알아볼까요

이등변삼각형은 두 각의 크기가 같습니다.

05 주어진 선분을 한 변으로 하는 이등변삼각형을 그려 보시오.

익힘책 유형

06 이등변삼각형입니다. ☐ 안에 알맞은 수를 써넣으시오.

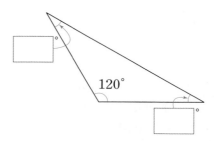

120°

교과서 유형

07 주어진 선분의 양 끝에 각각 50°인 각을 그려 이 등변삼각형을 그려 보시오.

----

08 오른쪽 도형이 이등변삼각형이 <u>아닌</u> 이유를 쓰시오.

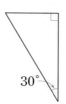

[이유]

개념3 **정삼각형의 성질을 알아볼까요**

정삼각형은 세 각의 크기가 같습니다.

09 정삼각형 ㄱㄴㄷ에서 각 ㄱㄴㄷ의 크기를 구하려고 합니다. 빈칸에 알맞은 수를 써넣으시오.

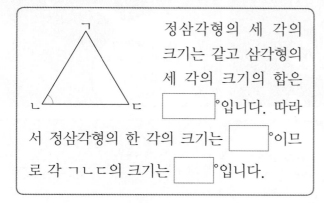

정삼각형의 세 각의 크기는 같고 삼각형의 세 각의 크기의 합은 [ ]°입니다. 따라서 정삼각형의 한 각의 크기는 [ ]°이므로 각 ㄱㄴㄷ의 크기는 [ ]°입니다.

익힘책 유형

[10~11] 다음을 사용하여 정삼각형을 그려 보시오.

10
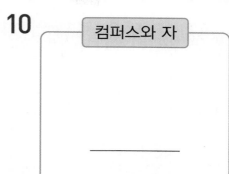
컴퍼스와 자

11
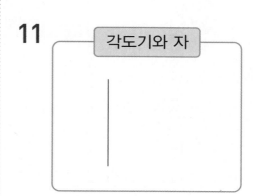
각도기와 자

12 오른쪽 삼각형을 보고 물음에 답하시오.

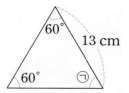

(1) ㉠을 구하시오.

( )

(2) 삼각형의 세 변의 길이의 합을 구하시오.

( )

• 이등변삼각형이면 정삼각형입니다. (✘)
• 정삼각형이면 이등변삼각형입니다. (◯)
[이유] 정삼각형도 두 변의 길이가 같기 때문에 이등변삼각형이라고 할 수 있습니다.

개념4 삼각형을 분류해 볼까요 (2)

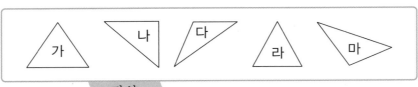

예각이 있는 삼각형이 모두 예각삼각형은 아니야.

각의 크기에 따라 분류

세 각이 모두 예각인 삼각형	가, 라
직각삼각형	나
둔각이 있는 삼각형	다, 마

- 세 각이 모두 예각인 삼각형: 예각삼각형
- 한 각이 둔각인 삼각형: 둔각삼각형

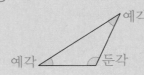

1-1 예각삼각형에 ◯표 하시오.

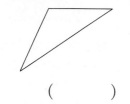 

(   )   (   )

> 힌트 세 각이 모두 예각인 삼각형을 찾습니다.

1-2 예각삼각형에 ◯표 하시오.

 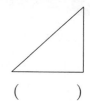

(   )   (   )

2-1 둔각삼각형입니다. 둔각에 ◯표 하시오.

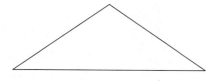

> 힌트 90°보다 크고 180°보다 작은 각이 둔각입니다.

2-2 둔각삼각형입니다. 둔각에 ◯표 하시오.

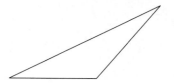

교과서 **유형**

3-1 예각삼각형을 그려 보시오.

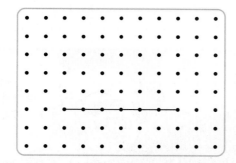

> 힌트 세 각이 모두 예각인 삼각형을 그립니다.

3-2 예각삼각형을 그려 보시오.

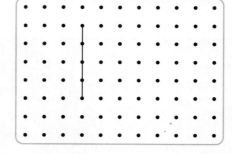

교과서 **유형**

4-1 둔각삼각형을 그려 보시오.

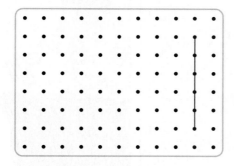

> 힌트 한 각이 둔각인 삼각형을 그립니다.

4-2 둔각삼각형을 그려 보시오.

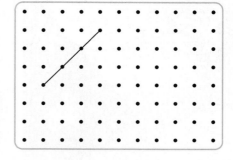

개념 파헤치기

개념 5 삼각형을 두 가지 기준으로 분류해 볼까요

개념 동영상

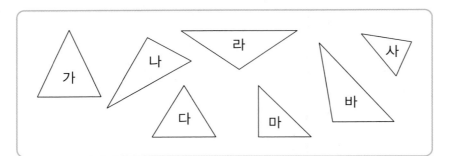

삼각형을 두 가지 기준으로 분류할 수 있죠.

변의 길이와 각의 크기에 따라 분류해 볼래요.

	예각삼각형	둔각삼각형	직각삼각형
이등변삼각형	가, 다	라	마
세 변의 길이가 모두 다른 삼각형	사	바	나

개념 체크

❶ 왼쪽 삼각형 중에서 예각삼각형이면서 이등변삼각형은

　　　, 　　　 입니다.

❷ 왼쪽 삼각형 중에서 둔각삼각형이면서 이등변삼각형은

　　　 입니다.

개념 체크 정답 ❶ 가, 다 ❷ 라

익힘책 유형

1-1 삼각형을 보고 □ 안에 알맞은 삼각형 이름을 쓰시오.

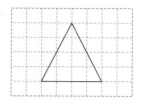

(1) 두 변의 길이가 같기 때문에

　　　　　　　　　　　　　입니다.

(2) 세 각이 모두 예각이기 때문에

　　　　　　　　　　　　　입니다.

힌트 삼각형의 변의 길이에 따라, 각의 크기에 따라 이름을 붙여 봅니다.

교과서 유형

2-1 삼각형을 분류해 보시오.

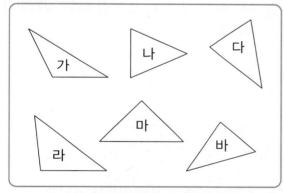

(1) 이등변삼각형을 찾아 기호를 쓰시오.

□ , □ , □

(2) 위 (1)에서 찾은 삼각형 중 예각삼각형을 찾아 기호를 쓰시오.

□

(3) 위 (1)에서 찾은 삼각형 중 직각삼각형을 찾아 기호를 쓰시오.

□

힌트 삼각형을 변의 길이에 따라 먼저 분류해 봅니다.

1-2 삼각형을 보고 □ 안에 알맞은 삼각형 이름을 쓰시오.

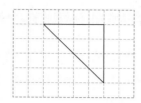

(1) 두 변의 길이가 같기 때문에

　　　　　　　　　　　　　입니다.

(2) 직각이 있기 때문에

　　　　　　　　　　　　　입니다.

2-2 삼각형을 분류해 보시오.

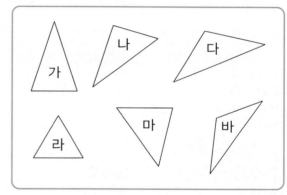

(1) 세 변의 길이가 모두 다른 삼각형을 찾아 기호를 쓰시오.

□ , □ , □

(2) 위 (1)에서 찾은 삼각형 중 예각삼각형을 찾아 기호를 쓰시오.

□

(3) 위 (1)에서 찾은 삼각형 중 둔각삼각형을 찾아 기호를 쓰시오.

□

2

삼각형

2 STEP 개념 확인하기

개념4 삼각형을 분류해 볼까요 (2)

- 예각삼각형: 세 각이 모두 예각인 삼각형
- 둔각삼각형: 한 각이 둔각인 삼각형

교과서 유형

01 삼각형을 각의 크기에 따라 분류해 보시오.

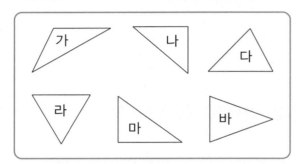

예각삼각형	둔각삼각형	직각삼각형
다,		

익힘책 유형

[02~03] 삼각형을 그려 보시오.

02 예각삼각형

03 둔각삼각형

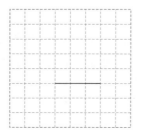

[04~05] 점 종이에 삼각형을 그렸습니다. 물음에 답하시오.

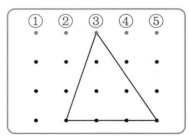

04 둔각삼각형을 만들려면 꼭짓점 ③을 어느 점으로 옮겨야 합니까?

( )

05 꼭짓점 ③을 ⑤로 옮기면 어떤 삼각형이 되겠습니까?

( )

06 지수의 설명이 틀린 이유를 쓰시오.

이 삼각형은 예각이 있으니까 예각삼각형이야.

지수

이유 _____

개념5 삼각형을 두 가지 기준으로 분류해 볼까요

• 삼각형을 두 가지 분류 기준에 따라 분류하여 특징을 알아봅니다.

교과서 유형

[07~09] 삼각형을 분류해 보시오.

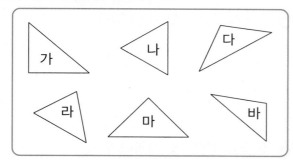

07 변의 길이에 따라 분류하시오.

이등변삼각형	
세 변의 길이가 모두 다른 삼각형	

08 각의 크기에 따라 분류하시오.

예각삼각형	둔각삼각형	직각삼각형

09 변의 길이와 각의 크기에 따라 분류하시오.

	예각 삼각형	둔각 삼각형	직각 삼각형
이등변삼각형			
세 변의 길이가 모두 다른 삼각형			

익힘책 유형

10 알맞은 것끼리 이으시오.

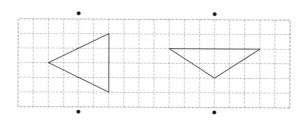

이등변삼각형   정삼각형

예각 삼각형   둔각 삼각형   직각 삼각형

11 정삼각형을 그리고 알맞은 이름에 ○표 하시오.

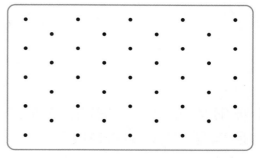

(예각 , 둔각 , 직각)삼각형

익힘책 유형

12 삼각형의 일부가 지워졌습니다. 이 삼각형은 어떤 삼각형인지 이름을 쓰시오.

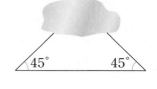

(   )

해결의 창

• 예각이 있으면 모두 예각삼각형일까?

그림과 같이 둔각삼각형, 직각삼각형에도 예각이 있기 때문에 세 각이 모두 예각일 때에만 예각삼각형입니다.

[01~02] □ 안에 알맞은 수를 써넣으시오.

01 이등변삼각형

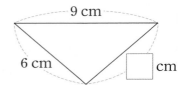

02 정삼각형

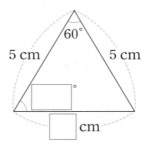

03 예각삼각형은 '예', 둔각삼각형은 '둔', 직각삼각형은 '직'을 □ 안에 써넣으시오.

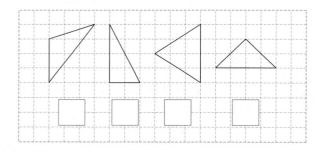

04 주어진 선분을 한 변으로 하는 예각삼각형을 그리려고 합니다. 어느 점을 이어야 합니까?

·········· ( )

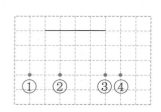

[05~06] 오각형을 나눈 것을 보고 물음에 답하시오.

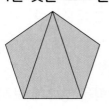

05 둔각삼각형은 몇 개입니까?

( )

06 예각삼각형은 몇 개입니까?

( )

07 컴퍼스와 자를 사용하여 한 변의 길이가 3 cm인 정삼각형을 그려 보시오.

08 은서가 정삼각형이 예각삼각형인 이유를 설명하고 있습니다. 설명을 완성하시오.

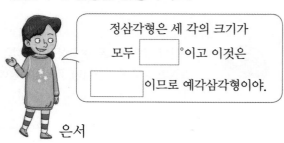

정삼각형은 세 각의 크기가 모두 □°이고 이것은 □이므로 예각삼각형이야.

은서

09 삼각형을 분류하여 보시오.

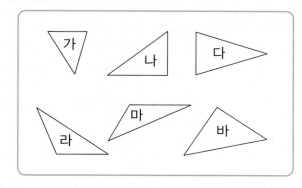

	예각 삼각형	둔각 삼각형	직각 삼각형
이등변삼각형			
세 변의 길이가 모두 다른 삼각형			

10 사각형에 한 개의 선분을 그어 예각삼각형 1개와 둔각삼각형 1개를 만들려고 합니다. 선분을 그어 보시오.

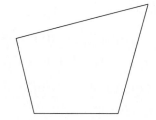

유사 문제

11 정삼각형입니다. 세 변의 길이의 합은 몇 cm입니까?

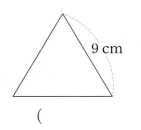
9 cm

( )

12 옳은 설명은 어느 것입니까? ·············· ( )

① 정삼각형은 예각삼각형입니다.

② 예각삼각형은 한 각만 예각인 삼각형입니다.

③ 둔각삼각형은 세 각이 모두 둔각인 삼각형입니다.

④ 이등변삼각형은 둔각삼각형입니다.

⑤ 한 각이 직각인 삼각형을 예각삼각형이라고 합니다.

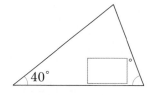
유사 문제

13 이등변삼각형입니다. □ 안에 알맞은 수를 써넣으시오.

40°

14 각각의 동물을 완전히 둘러싸도록 이등변삼각형을 그려 보시오.

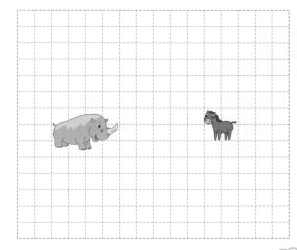

15 점선을 따라 종이띠를 잘랐을 때 만들어지는 예각삼각형은 모두 몇 개입니까?

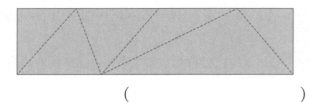

( )

16 설명하는 도형을 그려 보시오.

- 변이 3개입니다.
- 두 변의 길이가 같습니다.
- 한 각이 둔각입니다.

17 •보기•와 같이 길이가 같은 빨대 3개를 변으로 하여 만들 수 있는 삼각형의 이름을 2가지 쓰시오.

•보기•
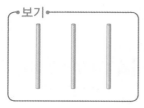

( )

유사 문제

18 삼각형의 세 각 중에서 두 각의 크기입니다. 둔각삼각형을 모두 찾아 기호를 쓰시오.

㉠ 60°, 70° ㉡ 90°, 20°
㉢ 40°, 40° ㉣ 100°, 15°

( )

19 ⑴세 삼각형의/ ⑵같은 점과/ ⑶다른 점을 한 가지씩 쓰시오.

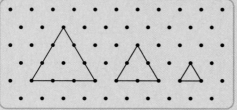

같은 점 _____

_____

다른 점 _____

_____

해결의 법칙

⑴ 세 삼각형이 어떤 삼각형인지 알아봅니다.

⑵ 세 삼각형의 같은 점을 찾아봅니다.

⑶ 세 삼각형의 다른 점을 찾아봅니다.

유사 문제

20 ⑴세 변의 길이의 합이 30 cm인 이등변삼각형이 있습니다. 이 삼각형의 세 변 중 길이가 다른 한 변이 12 cm일 때/ ⑵나머지 두 변의 길이는 각각 몇 cm입니까?

( )

해결의 법칙

⑴ 삼각형의 나머지 두 변의 길이의 합을 알아봅니다.

⑵ 나머지 두 변의 길이를 구합니다.

개념 동영상

개념1 소수 두 자리 수를 알아볼까요

• 0.01 알아보기

전체 크기를 1이라고 할 때 100칸 중 1칸 ⇨ $\frac{1}{100}$=0.01

분수 $\frac{1}{100}$은 소수로 0.01이라 쓰고, 영 점 영일이 라고 읽습니다.

$$\frac{1}{100} = 0.01$$

• 소수 두 자리 수 쓰고 읽기

$\frac{85}{100}$ ⇨ **쓰기** 0.85
　　　　읽기 영 점 팔오

$3\frac{25}{100}$ ⇨ **쓰기** 3.25
　　　　읽기 삼 점 이오

• 소수 두 자리 수 알아보기

3.25
→ 일의 자리 숫자, 3을 나타냅니다.
→ 소수 첫째 자리 숫자, 0.2를 나타냅니다.
→ 소수 둘째 자리 숫자, 0.05를 나타냅니다.

3.25는 1이 3개, 0.1이 2개, 0.01이 5개

개념 체크

❶ 분수 $\frac{1}{100}$ 은 소수로 (0.1 , 0.01)이라 쓰고, (영 점 일 , 영 점 영일) 이라고 읽습니다.

❷ 1.62는 (일 점 육십이 , 일 점 육이)라고 읽습 니다.

❸ 2.54에서 소수 둘째 자리 숫자는 (5 , 4)이고 나타내는 수는 (4 , 0.04)입니다.

뱃사공님~ 조금만 깎아 주면 안 될까요?

곤란 한데~

$\frac{85}{100}$

분수 $\frac{85}{100}$ 를 소수로 나타내면 깎아 드릴게요.

정말?

분수 $\frac{85}{100}$ 는 소수 로 0.85라 쓰고

영 점 팔오 라고 읽지.

사또께서 맞히셨네요.

이번만 특별히 깎아 드리죠.

너무 많이 깎아 드려서 남는 것도 없어요.

겨우 이만큼 깎아 주고 생색 내기는!

으~ 분하다! 우리가 한발 늦었군.

개념 체크 정답 ❶ 0.01에 ○표, 영 점 영일에 ○표 ❷ 일 점 육이에 ○표 ❸ 4에 ○표, 0.04에 ○표

이미 배운 내용	이번에 배울 내용	앞으로 배울 내용
[3-1 분수와 소수] • 소수 한 자리 수 알아보기 • 소수의 크기 비교하기	• 소수 두(세) 자리 수 알아보기 • 소수의 크기 비교하기 • 소수 사이의 관계 알아보기 • 소수 한 자리 수의 덧셈과 뺄셈 • 소수 두 자리 수의 덧셈과 뺄셈	**[5-2 소수의 곱셈]** • (소수)×(자연수), (자연수)×(소수) • (소수)×(소수) **[5-2 소수의 나눗셈]** • (소수)÷(자연수)

3 소수의 덧셈과 뺄셈

제3화 엄지섬에 먼저 도착하는 사람은 과연 누구일까?

정답은 13쪽

[❶~❷] 점선으로 그려진 원의 반지름을 두 변으로 하는 삼각형을 그리려고 합니다. •보기•와 같이 각각의 삼각형을 그려 보시오.

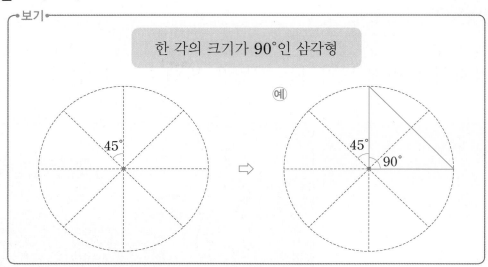

보기

한 각의 크기가 90°인 삼각형

예

45°   45° 90°

❶ 한 각의 크기가 60°인 삼각형

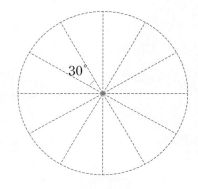

30°

원의 반지름을 두 변으로 하는 삼각형이니까 이등변삼각형이 그려져요.

주어진 각이 삼각형의 세 각 중 크기가 같은 두 각인지, 크기가 같지 않은 한 각인지 생각하여 삼각형을 그려.

❷ 한 각의 크기가 30°인 삼각형

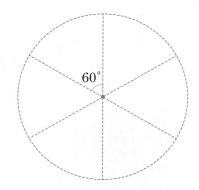

60°

2
삼각형

기본 문제

쌍둥이 문제

1-1 전체 크기가 1인 모눈종이입니다. 색칠된 부분의 크기를 분수와 소수로 각각 나타내시오.

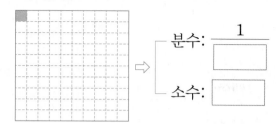

분수: $\dfrac{1}{\boxed{}}$

소수: $\boxed{}$

(힌트) 색칠된 부분은 모눈 100칸 중 1칸입니다.

1-2 수직선을 보고 □ 안에 알맞은 소수를 써넣으시오.

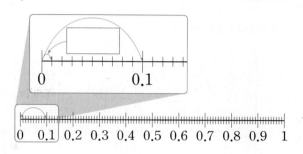

2-1 전체 크기가 1인 모눈종이에 0.64를 바르게 나타내었으면 ○표 하시오.

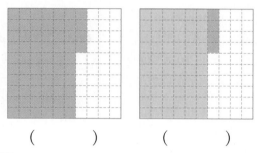

(   )   (   )

(힌트) 왼쪽은 0.01이 64칸으로, 오른쪽은 0.1이 6칸, 0.01이 4칸으로 나타냈습니다.

2-2 전체 크기가 1인 모눈종이에 0.38을 바르게 나타낸 것에 ○표 하시오.

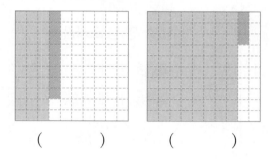

(   )   (   )

3-1 소수로 나타내어 보시오.

일 점 사칠 ⇨ $\boxed{}.\boxed{}\boxed{}$

(힌트) 읽은 숫자를 차례로 수로 바꾸어 써 봅니다.

3-2 소수로 나타내어 보시오.

오 점 영육

(   )

익힘책 유형

4-1 □ 안에 알맞은 수나 말을 써넣으시오.

0.73에서

3은 소수 $\boxed{}$ 자리 숫자이고,

$\boxed{}$ 을 나타냅니다.

(힌트) ■.●★에서 ★은 소수 둘째 자리 숫자이고, 0.0★을 나타냅니다.

4-2 오른쪽 수를 보고 □ 안에 알맞은 수를 써넣으시오.

4.08

(1) 일의 자리 숫자는 4이고, $\boxed{}$ 를 나타냅니다.

(2) 소수 둘째 자리 숫자는 $\boxed{}$ 이고,

$\boxed{}$ 을 나타냅니다.

3

소수의 덧셈과 뺄셈

개념2 소수 세 자리 수를 알아볼까요

• 0.001 알아보기

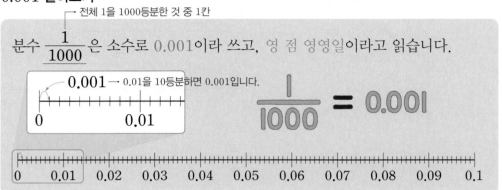

┌─ 전체 1을 1000등분한 것 중 1칸

분수 $\frac{1}{1000}$ 은 소수로 0.001이라 쓰고, 영 점 영영일이라고 읽습니다.

0.001 → 0.01을 10등분하면 0.001입니다.

$$\frac{1}{1000} = 0.001$$

• 소수 세 자리 수 쓰고 읽기

$\frac{543}{1000}$ ⇒ **쓰기** 0.543 **읽기** 영 점 오사삼

$2\frac{735}{1000}$ ⇒ **쓰기** 2.735 **읽기** 이 점 칠삼오

• 소수 세 자리 수 알아보기

2.735
- 일의 자리 숫자, 2를 나타냅니다.
- 소수 첫째 자리 숫자, 0.7을 나타냅니다.
- 소수 둘째 자리 숫자, 0.03을 나타냅니다.
- 소수 셋째 자리 숫자, 0.005를 나타냅니다.

2.735는 1이 2개, 0.1이 7개, 0.01이 3개, 0.001이 5개

개념 체크

❶ 분수 $\frac{1}{1000}$ 은 소수로 (0.01 , 0.001)이라 쓰고, (영 점 영일 , 영 점 영영일)이라고 읽습니다.

❷ 0.321은 (영 점 삼백이십일 , 영 점 삼이일)이라고 읽습니다.

❸ 3.176에서 소수 셋째 자리 숫자는 (7 , 6)이고 나타내는 수는 (0.06 , 0.006)입니다.

뱃사공이 안 보이는데 엄지섬까지 어떻게 가죠?

영 점 오사삼 킬로미터면 뗏목으로도 건널 수 있어.

엄지섬까지 0.543 km

영 점 오백사십삼 킬로미터라고 읽어야죠~

어사님 공부 좀 하셔야겠어요.

소수점 오른쪽의 수는 숫자만 차례로 읽는 거야. 0.543은 영 점 오사삼이라고 읽어야 해.

$$\frac{543}{1000} = 0.543$$

영점오 사 삼

창피하니까 전 수영해서 먼저 건너갈게요.

착! 착!

산도 너 수영 못하잖아!

끄르륵~

개념 체크 정답 ❶ 0.001에 ○표, 영 점 영영일에 ○표 ❷ 영 점 삼이일에 ○표 ❸ 6에 ○표, 0.006에 ○표

1-1 수직선을 보고 □ 안에 알맞은 소수를 써넣으시오.

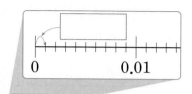

| 0 | | 0.01 | 0.02 | 0.03 | 0.04 | 0.05 | 0.06 | 0.07 | 0.08 | 0.09 | 0.1 |

힌트 작은 눈금 한 칸은 1을 1000등분한 것 중 1칸입니다.

1-2 전체 크기가 1인 모눈종이입니다. 주황색으로 색칠된 부분의 크기를 소수로 나타내시오.

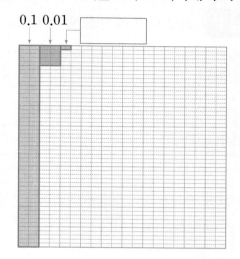

0.1 0.01

익힘책 유형

2-1 소수를 읽어 보시오.

0.814

(　　　　　　　　　　　　)

힌트 소수점 오른쪽의 수는 숫자만 차례로 읽습니다.

2-2 소수를 읽어 보시오.

9.052

(　　　　　　　　　　　　)

3-1 수를 보고 □ 안에 알맞은 수를 써넣으시오.

소수 2.957에서

(1) 일의 자리 숫자는 □이고, 2를 나타냅니다.

(2) 소수 첫째 자리 숫자는 9이고, □를 나타냅니다.

(3) 소수 둘째 자리 숫자는 5이고, □를 나타냅니다.

(4) 소수 셋째 자리 숫자는 □이고, 0.007을 나타냅니다.

힌트

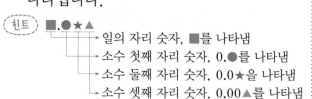

■.●★▲
└─ 일의 자리 숫자, ■를 나타냄
└─ 소수 첫째 자리 숫자, 0.●를 나타냄
└─ 소수 둘째 자리 숫자, 0.0★을 나타냄
└─ 소수 셋째 자리 숫자, 0.00▲를 나타냄

3-2 수를 보고 □ 안에 알맞은 수를 써넣으시오.

소수 6.183에서

(1) 일의 자리 숫자는 6이고, □을 나타냅니다.

(2) 소수 첫째 자리 숫자는 1이고, □을 나타냅니다.

(3) 소수 둘째 자리 숫자는 □이고, □을 나타냅니다.

(4) 소수 셋째 자리 숫자는 □이고, □을 나타냅니다.

3

소수의 덧셈과 뺄셈

개념1 소수 두 자리 수를 알아볼까요

분수	$\frac{1}{100}$	$\frac{64}{100}$	$2\frac{75}{100}$
소수	0.01	0.64	2.75
소수 읽기	영 점 영일	영 점 육사	이 점 칠오

01 전체 크기가 1인 모눈종이입니다. □ 안에 알맞은 소수를 써넣으시오.

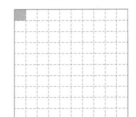

$$\frac{1}{100} = \boxed{}$$

02 관계 있는 것끼리 선으로 이으시오.

| 0.03 | • | • | 영 점 영삼 |

| 2.78 | • | • | 0.63 |

| $\frac{63}{100}$ | • | • | 이 점 칠팔 |

03 소수 첫째 자리 숫자가 7인 수를 찾아 기호를 쓰시오.

㉠ 5.27   ㉡ 7.31   ㉢ 2.73

(   )

04 □ 안에 알맞은 소수를 써넣고 각각 읽어 보시오.

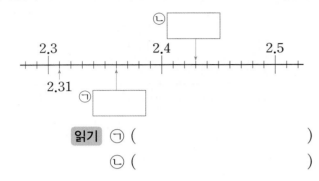

읽기 ㉠ (   )

㉡ (   )

05 □ 안에 알맞은 소수를 써넣으시오.

1이 3개, 0.1이 2개, 0.01이 7개인 수는 □ 입니다.

06 민희와 현승이는 선물을 포장하는 데 리본을 그림과 같이 사용하였습니다. 민희와 현승이가 사용한 리본은 각각 몇 m인지 □ 안에 알맞은 소수를 써넣으시오.

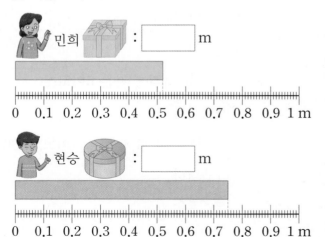

개념2 소수 세 자리 수를 알아볼까요

분수	$\dfrac{1}{1000}$	$\dfrac{136}{1000}$	$8\dfrac{405}{1000}$
소수	0.001	0.136	8.405
소수 읽기	영 점 영영일	영 점 일삼육	팔 점 사영오

07 소수를 읽어 보시오.

12.509

(   )

08 0.638을 수직선에 화살표(↓)로 나타내시오.

0.63   0.64

익힘책 유형

09 •보기•와 같이 6이 나타내는 수를 쓰시오.

┌보기┐
3.612 ⇨   0.6

(1) 10.265 ⇨ _____

(2) 0.476 ⇨ _____

10 다음 소수를 잘못 설명한 사람을 찾아 이름을 쓰시오.

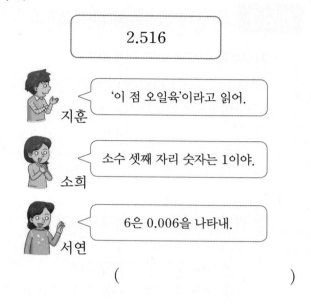

2.516

지훈: '이 점 오일육'이라고 읽어.

소희: 소수 셋째 자리 숫자는 1이야.

서연: 6은 0.006을 나타내.

(   )

교과서 유형

11 □ 안에 알맞은 소수를 써넣으시오.

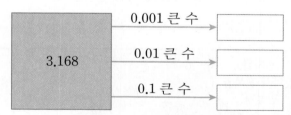

3.168   0.001 큰 수 → ☐

          0.01 큰 수 → ☐

          0.1 큰 수 → ☐

12 $11\dfrac{46}{1000}$ km는 몇 km인지 소수로 쓰고 읽어 보시오.

쓰기 (   ) km

읽기 (   ) 킬로미터

해결의 창   소수를 읽을 때 소수점 오른쪽에 있는 숫자 0도 빠뜨리지 않고 반드시 영이라고 읽어 주어야 합니다.

예 20.807 ⇨ ┌ 이십 점 팔칠 (×) → 소수 둘째 자리 숫자 0을 빠뜨리고 읽어서 틀렸습니다.
               └ 이십 점 팔영칠 (○)

개념 3 소수의 크기를 비교해 볼까요 (1) – 자릿수가 같은 경우

개념 동영상

● 자릿수가 같은 소수의 크기 비교

⟮예⟯ 2.147과 2.153의 크기 비교

(1) 수직선으로 알아보기

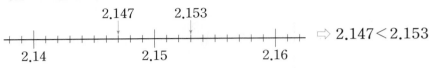

⇨ 2.147 < 2.153

(2) 각 자리 수를 비교하여 알아보기

> 소수의 크기를 비교할 때는 소수 ①.②③④ 에서
> ① 자연수 부분 → ② 소수 첫째 자리 수 → ③ 소수 둘째 자리 수 →
> ④ 소수 셋째 자리 수의 순서대로 크기를 비교하여 큰 수가 더 큽니다.

2.147 < 2.153

> 자연수 부분과 소수 첫째 자리 수가 같으므로
> 소수 둘째 자리 수를 비교해.
> 4 < 5니까 2.153이 더 큰 수야.

개 념 체 크

❶ 1.53 ◯ 2.16
　　└ 1 < 2 ┘

❷ 0.354 ◯ 0.721
　　　└ 3 < 7 ┘

❸ 4.536 ◯ 4.532
　　　└ 6 > 2 ┘

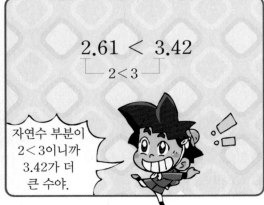

개 념 체 크 정 답 　❶ < 　❷ < 　❸ >

1-1 전체 크기가 1인 모눈종이를 이용하여 0.61과 0.48의 크기를 비교해 보시오.

(1) 모눈종이에 0.48만큼 색칠해 보시오.

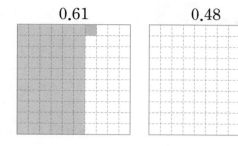

0.61   0.48

(2) ○ 안에 >, <를 알맞게 써넣으시오.

0.61 ◯ 0.48

힌트   모눈종이에서 색칠한 칸수가 많을수록 더 큰 수입니다.

1-2 전체 크기가 1인 모눈종이를 이용하여 0.73과 0.75의 크기를 비교해 보시오.

(1) 모눈종이에 0.73과 0.75만큼 각각 색칠해 보시오.

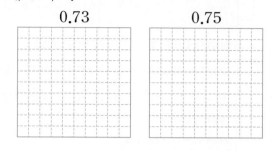

0.73   0.75

(2) ○ 안에 >, <를 알맞게 써넣으시오.

0.73 ◯ 0.75

2-1 6.14와 6.22를 수직선에 화살표(↓)로 각각 나타내고 ○ 안에 >, <를 알맞게 써넣으시오.

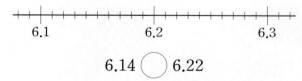

6.14 ◯ 6.22

힌트   수직선에서 오른쪽에 있는 수가 왼쪽에 있는 수보다 더 큽니다.

2-2 4.527과 4.523을 수직선에 화살표(↓)로 각각 나타내고 ○ 안에 >, <를 알맞게 써넣으시오.

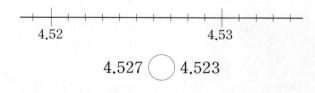

4.527 ◯ 4.523

익힘책 유형

3-1 두 수의 크기를 비교하여 ○ 안에 >, <를 알맞게 써넣으시오.

5.379 ◯ 5.384

힌트   자연수 부분 ⇨ 소수 첫째 자리 수 ⇨ 소수 둘째 자리 수 ⇨ 소수 셋째 자리 수의 순서대로 수의 크기를 비교합니다.

3-2 두 수의 크기를 비교하여 ○ 안에 >, <를 알맞게 써넣으시오.

(1) 8.029 ◯ 8.156

(2) 1.639 ◯ 1.632

개념4 소수의 크기를 비교해 볼까요 (2) – 자릿수가 다른 경우

개념 동영상

0.3과 0.30은 같은 수입니다. 소수는 필요한 경우 오른쪽 끝자리에 0을 붙여서 나타낼 수 있습니다.

$$0.3 = 0.30$$

● 자릿수가 다른 소수의 크기 비교 방법

① 자연수 부분부터 같은 자리 수끼리 차례대로 수의 크기를 비교합니다.

② 비교한 수가 모두 같을 때는, 오른쪽 끝자리에 0을 붙여서 자릿수를 같게 만든 후 비교합니다.

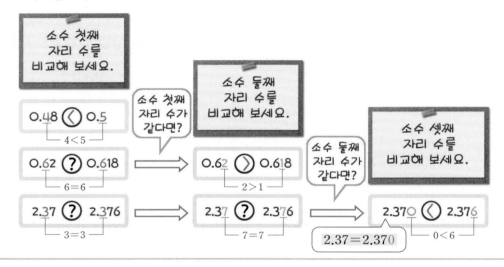

판자의 두께가 0.12 m인데 너무 얇아요.

내가 더 두꺼운 판자를 찾아올게.

저것보다 두꺼운 판자는 없을 걸요!

내가 두께가 0.2 m인 판자를 찾아 왔어.

12랑 2 중 12가 더 크니까 0.12 m 두께의 판자가 더 두껍죠.

아녜요. 소수 첫째 자리 수를 비교하면 1<2 이니까 0.2 m 판자가 더 두껍죠.

판자는 구했으니 노를 구해야겠네요!

이거 어때?

숟가락으로 어떻게 저어요!!

1-1 전체 크기가 1인 모눈종이를 이용하여 0.3과 0.30의 크기를 비교해 보시오.

(1) 모눈종이에 0.30만큼 색칠해 보시오.

0.3   0.30

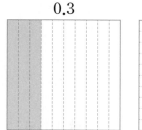 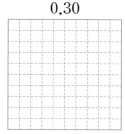

(2) ◯ 안에 >, =, <를 알맞게 써넣으시오.

0.3 ◯ 0.30

(힌트) 0.30은 전체를 100칸으로 나눈 것 중의 30칸 입니다.

1-2 전체 크기가 1인 모눈종이를 이용하여 0.28과 0.4의 크기를 비교해 보시오.

(1) 모눈종이에 0.28과 0.4만큼 각각 색칠해 보시오.

0.28   0.4

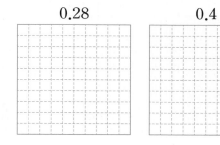

(2) ◯ 안에 >, <를 알맞게 써넣으시오.

0.28 ◯ 0.4

익힘책 유형

2-1 소수에서 생략할 수 있는 0을 찾아 •보기•와 같 이 나타내시오.

┌─보기─────────────────┐
│   0.1̸0̸   3.02̸0̸   │
└──────────────────────┘

(1) 0.830   (2) 10.040

(힌트) 소수점의 오른쪽 끝자리 숫자 0은 생략할 수 있 습니다.

2-2 소수에서 생략할 수 있는 0을 찾아 /로 모두 그 어 보시오.

┌──────────────────────┐
│   6.02   4.500   0.890   │
└──────────────────────┘

3-1 두 수의 크기를 비교하여 ◯ 안에 >, <를 알 맞게 써넣으시오.

2.518 ◯ 2.54

(힌트) 자연수 부분 ⇨ 소수 첫째 자리 수 ⇨ 소수 둘째 자리 수 ⇨ 소수 셋째 자리 수의 순서대로 수의 크기를 비교합니다.

3-2 두 수의 크기를 비교하여 ◯ 안에 >, <를 알 맞게 써넣으시오.

(1) 1.86 ◯ 1.839

(2) 3.27 ◯ 3.271

3

소수의 덧셈과 뺄셈

개념 동영상

개념5 소수 사이의 관계를 알아볼까요

개념 체크 🐼

❶ 0.01을 10배 하면
(0.1 , 0.001)입니다.

• 1, 0.1, 0.01, 0.001 사이의 관계 알아보기

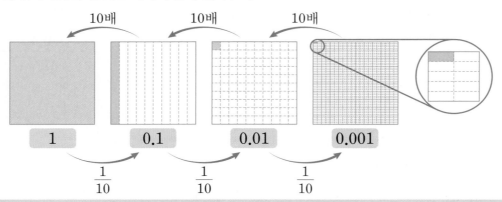

| 10배 | 10배 | 10배 |

1   0.1   0.01   0.001

$\frac{1}{10}$ $\frac{1}{10}$ $\frac{1}{10}$

❷ 0.01의 $\frac{1}{10}$ 은
(0.1 , 0.001)입니다.

• 1의 $\frac{1}{10}$ 은 0.1, 0.1의 $\frac{1}{10}$ 은 0.01, 0.01의 $\frac{1}{10}$ 은 0.001이 됩니다.

• 0.001을 10배 하면 0.01, 0.01을 10배 하면 0.1, 0.1을 10배 하면 1이 됩니다.

❸ 0.001을 10배 하면
(0.1 , 0.01)입니다.

소수의 $\frac{1}{10}$ 을 구하면 소수점을 기준으로 수가 오른쪽으로 한 자리씩 이동합니다.

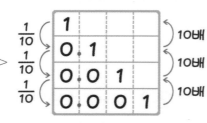

소수를 10배 하면 소수점을 기준으로 수가 왼쪽으로 한 자리씩 이동합니다.

개념체크정답 ❶ 0.1에 ○표 ❷ 0.001에 ○표 ❸ 0.01에 ○표

1-1 그림을 보고 □ 안에 알맞은 수를 써넣으시오.

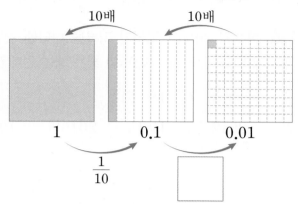

1   0.1   0.01

$\frac{1}{10}$

힌트 소수의 $\frac{1}{10}$ 을 구하면 소수점을 기준으로 수가 오른쪽으로 한 자리씩 이동합니다.

1-2 그림을 보고 □ 안에 알맞은 수를 써넣으시오.

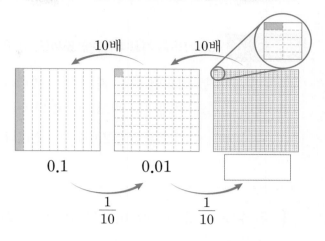

0.1   0.01

$\frac{1}{10}$ $\frac{1}{10}$

교과서 유형

2-1 빈칸에 알맞은 수를 써넣으시오.

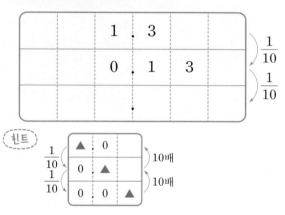

2-2 빈칸에 알맞은 수를 써넣으시오.

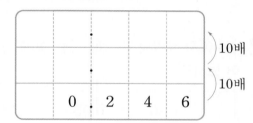

3-1 □ 안에 알맞은 수를 써넣으시오.

(1) 0.7의 10배는 7이고, 100배는 ☐ 입니다.

(2) 21의 $\frac{1}{10}$ 은 2.1이고, $\frac{1}{100}$ 은 ☐ 입니다.

힌트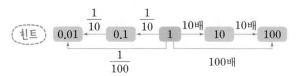

3-2 □ 안에 알맞은 수를 써넣으시오.

(1) 0.41의 10배는 ☐ 이고, 100배는 ☐ 입니다.

(2) 19.3의 $\frac{1}{10}$ 은 ☐ 이고, $\frac{1}{100}$ 은 ☐ 입니다.

개념3, 4 소수의 크기를 비교해 볼까요 (1), (2)

소수의 크기를 비교할 때는 자연수 부분부터 같은 자리 수끼리 차례대로 비교해야 합니다.

예 1.27 $<$ 1.34 ⎿ 2<3 ⏌ | 2.68 $>$ 2.634 ⎿ 8>3 ⏌

01 두 수의 크기를 비교하여 ○ 안에 >, <를 알맞게 써넣으시오.

(1) 0.25 ◯ 0.27   (2) 3.6 ◯ 3.08

02 소수에서 생략할 수 있는 0을 찾아 /로 모두 그어 보시오.

| 1.80 | 0.05 | 20.0 |

익힘책 유형

03 승준이와 영하의 대화를 읽고 □ 안에 알맞은 수를 써넣으시오.

0.61 ◯ 0.8

승준: 61이 8보다 크니까 0.61이 0.8보다 큰 소수야.

영하: 아니야. 0.8이 0.61보다 더 큰 소수야. 왜냐하면 0.61은 0.01이 □ 개인 수이고 0.8은 0.01이 □ 개인 수이기 때문이야.

04 현수의 200 m 달리기 기록을 나타낸 것입니다. 200 m 달리기 기록이 더 좋은 해는 언제입니까?

연도	기록(초)	연도	기록(초)
2012년	19.19	2015년	19.55

(   )

교과서 유형

05 선희는 갈림길에서 더 큰 소수가 있는 길로 갑니다. 선희가 도착하는 곳은 누구의 집인지 쓰시오.

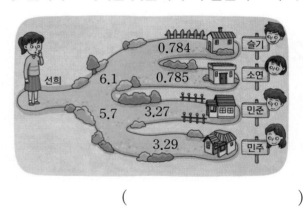

(   )

06 큰 수부터 차례로 써 보시오.

| 0.857 | 0.854 | 0.901 |

(   )

07 나타내는 수가 더 작은 수를 찾아 기호를 쓰시오.

㉠ 0.27   ㉡ 0.001이 207개인 수

(   )

개념5 **소수 사이의 관계를 알아볼까요**

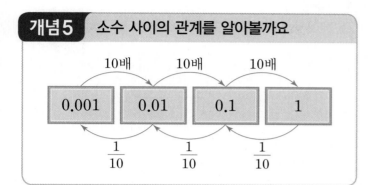

08 □ 안에 알맞은 수를 써넣으시오.

0.42의 ☐ 배는 4.2이고, ☐ 배는 42입니다.

09 빈칸에 알맞은 수를 써넣으시오.

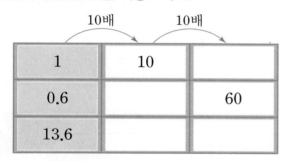

	10배	10배
1	10	
0.6		60
13.6		

교과서 **유형**

10 흰색 종이 묶음 1개의 무게는 4.3 kg입니다. 물음에 답하시오.

(1) 흰색 종이 묶음 1개의 $\frac{1}{10}$은 몇 kg입니까?

( )

(2) 흰색 종이 묶음 1개의 $\frac{1}{100}$은 몇 kg입니까?

( )

11 5.4와 같은 수를 찾아 기호를 쓰시오.

> ㉠ 0.054의 100배   ㉡ 540의 $\frac{1}{1000}$

( )

12 □ 안에 알맞은 수를 •보기•에서 골라 써넣으시오.

7.317
㉠ ㉡

•보기•
7, 0.7, 0.07, 0.007,
10, 100, 1000

㉠이 나타내는 수는 ☐ 이고, ㉡이 나타내는 수는 ☐ 이므로 ㉠이 나타내는 수는 ㉡이 나타내는 수의 ☐ 배입니다.

익힘책 **유형**

13 들어갔다 나오면 길이가 들어가기 전 길이의 $\frac{1}{10}$이 되는 주머니가 있습니다. 길이가 30.6 cm인 장난감이 주머니에 2번 들어갔다 나왔다면 지금 장난감의 길이는 몇 cm입니까?

( )

3

소수의 덧셈과 뺄셈

해결의 창 — 자릿수가 다른 소수의 크기를 비교할 때, 소수점 오른쪽의 수를 자연수와 같은 방법으로 비교하지 않도록 주의합니다.

잘못된 풀이 2.37 ⊗ 2.164   바른 풀이 2.37 ⟩ 2.164 ⇨ 자연수 부분부터 같은 자리 수끼리 차례대로 비교했습니다.
└─37＜164─┘   └─3＞1─┘

1 STEP 개념 파헤치기

개념 동영상

개념6 소수 한 자리 수의 덧셈을 해 볼까요

• 1.5＋0.8의 계산

방법 1 모눈종이로 알아보기

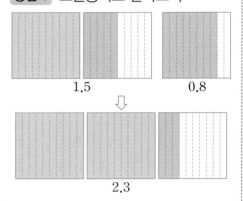

1.5＋0.8＝2.3

방법 2 0.1이 몇 개인지로 알아보기

1.5는 0.1이 15개입니다.

0.8은 0.1이 8개입니다.

1.5＋0.8은 0.1이 15＋8＝23(개)이므로 2.3입니다.

⇨ 1.5＋0.8＝2.3

방법 3 세로셈으로 계산하기

소수점끼리 맞추어 세로로 쓰고 같은 자리 수끼리 더합니다.

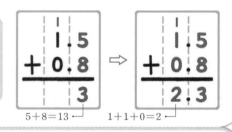

5＋8＝13   1＋1＋0＝2

개념 체크

❶
```
    0 . 3
 +  0 . 4
 ─────────
    0 . □
```

❷
```
    1 . 6
 +  0 . 3
 ─────────
    □ . □
```

❸
```
      1
    1 . 5
 +  3 . 6
 ─────────
    □ . □
```

어때? 산도를 위해 노를 만들었어.

판자 2개를 합쳐서 만드신 건가요?

맞아. 1.5 cm와 1.2 cm 두께의 판자를 붙여서 만들었어.

그럼 노의 두께는 몇 cm인거죠?

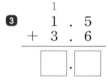

1.5
＋1.2
─────
2.7

1＋1＝2   5＋2＝7

소수점끼리 맞추어 세로로 쓰고 같은 자리 수끼리 더하면 2.7 cm야.

저는 더 큰 판자로 노를 만들어볼게요.

쓱쓱!

드디어 완성!

어때요? 뗏목이 앞으로 쭉쭉 나가겠죠?

들지도 못하잖아.

1-1 전체 크기가 1인 모눈종이를 이용하여 0.3+0.6 은 얼마인지 알아보시오.

(1) 0.3만큼 색칠했습니다. 이어서 0.6만큼 색칠해 보시오.

(2) ☐ 안에 알맞은 수를 써넣으시오.

$$0.3+0.6=\boxed{}$$

(힌트) 모눈종이에 색칠한 칸수를 세어 봅니다.

1-2 전체 크기가 1인 모눈종이 2개를 이용하여 0.7+0.5는 얼마인지 알아보시오.

(1) 0.7만큼 색칠했습니다. 이어서 0.5만큼 색칠해 보시오.

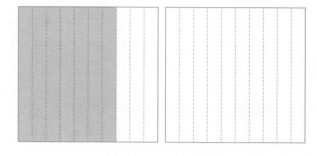

(2) ☐ 안에 알맞은 수를 써넣으시오.

$$0.7+0.5=\boxed{}$$

익힘책 유형

2-1 ☐ 안에 알맞은 수를 써넣으시오.

$$\begin{array}{r} 0.5 \\ +\,0.8 \\ \hline \end{array} \Rightarrow \begin{array}{r} \boxed{} \\ 0.5 \\ +\,0.8 \\ \hline \boxed{} \end{array} \Rightarrow \begin{array}{r} \boxed{} \\ 0.5 \\ +\,0.8 \\ \hline \boxed{}.\boxed{} \end{array}$$

(힌트) 소수 첫째 자리에서 받아올림이 있으면 일의 자리로 받아올림하여 계산합니다.

2-2 ☐ 안에 알맞은 수를 써넣으시오.

$$\begin{array}{r} 0.7 \\ +\,1.9 \\ \hline \end{array} \Rightarrow \begin{array}{r} \boxed{} \\ 0.7 \\ +\,1.9 \\ \hline \boxed{} \end{array} \Rightarrow \begin{array}{r} \boxed{} \\ 0.7 \\ +\,1.9 \\ \hline \boxed{}.\boxed{} \end{array}$$

3-1 계산을 하시오.

(1) $\begin{array}{r} 0.4 \\ +\,0.5 \\ \hline \end{array}$　　(2) $\begin{array}{r} 1.6 \\ +\,0.9 \\ \hline \end{array}$

(힌트) 소수 첫째 자리, 일의 자리 순서로 더한 후 소수점을 그대로 내려 찍습니다.

3-2 계산을 하시오.

(1) $\begin{array}{r} 0.2 \\ +\,0.6 \\ \hline \end{array}$　　(2) $\begin{array}{r} 0.8 \\ +\,2.3 \\ \hline \end{array}$

3

소수의 덧셈과 뺄셈

개념7 소수 한 자리 수의 뺄셈을 해 볼까요

개념 체 크

• 4.3−1.6의 계산

방법 1 수직선으로 알아보기

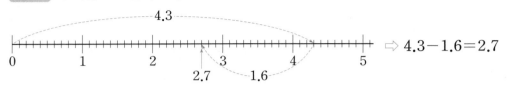

➡ 4.3−1.6=2.7

방법 2 0.1이 몇 개인지로 알아보기

4.3은 0.1이 43개입니다.

1.6은 0.1이 16개입니다.

4.3−1.6은 0.1이 43−16=27(개)이므로 2.7입니다.

➡ 4.3−1.6=2.7

방법 3 세로셈으로 계산하기

소수점끼리 맞추어 세로로 쓰고 같은 자리 수끼리 뺍니다.

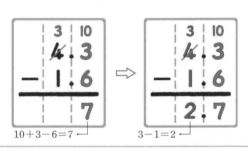

10+3−6=7 ┘   3−1=2 ┘

❶
```
   0 . 7
 − 0 . 3
─────────
   0 . □
```

❷
```
   1 . 8
 − 0 . 5
─────────
   □ . □
```

❸
```
    1  10
    2 . 1
  − 0 . 5
─────────
    □ . □
```

내가 아까보다 크게 다시 만들어줄게.

못을 2.5 cm 깊이로 박아야 하는데 1.4 cm 밖에 안 들어가.

그럼 얼마나 더 깊이 박아야 하는지 계산하면…

```
   2 . 5
 − 1 . 4
─────────
   1 . 1
```
2−1=1 ┘   └ 5−4=1

소수점끼리 맞추어 세로로 쓰고 같은 자리 수끼리 빼면 1.1 cm네요.

망치로 못을 박아야 하는데 망치가 어디 있지?

제가 차력 자격증이 있으니 주먹으로 내리쳐서 못을 박겠습니다.

그런 자격증은 또 언제 땄어?

차력 자격증

팍!

끄악!! 내 주먹!!

그럼 그렇지.

개 념 체 크 정답 ❶ 4 ❷ 1, 3 ❸ 1, 6

정답은 19쪽

1-1 0.9−0.5는 얼마인지 알아보시오.

(1) 수직선에 0.9−0.5를 나타내시오.

(2) □ 안에 알맞은 수를 써넣으시오.

0.9−0.5=□

(힌트) 수직선에서 화살표가 나타내는 수를 읽어 봅니다.

1-2 1.4−0.8은 얼마인지 알아보시오.

(1) 수직선에 1.4−0.8을 나타내시오.

(2) □ 안에 알맞은 수를 써넣으시오.

1.4−0.8=□

익힘책 유형

2-1 □ 안에 알맞은 수를 써넣으시오.

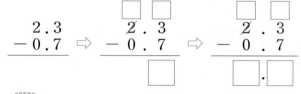

(힌트) 소수 첫째 자리 수끼리 뺄 수 없으면 일의 자리에서 받아내림하여 계산합니다.

2-2 □ 안에 알맞은 수를 써넣으시오.

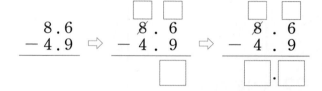

3-1 계산을 하시오.

(1)　0.8　　　(2)　2.5
　−0.3　　　　　−0.6

(힌트) 소수 첫째 자리, 일의 자리 순서로 뺀 후 소수점을 그대로 내려 찍습니다.

3-2 계산을 하시오.

(1)　1.3　　　(2)　4.1
　−0.2　　　　　−1.4

4-1 □ 안에 알맞은 수를 써넣으시오.

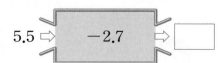

(힌트) 받아내림에 주의하여 계산합니다.

4-2 □ 안에 알맞은 수를 써넣으시오.

3 소수의 덧셈과 뺄셈

개념6 소수 한 자리 수의 덧셈을 해 볼까요

$$\begin{array}{r} 2.8 \\ +\ 0.6 \\ \hline \end{array} \Rightarrow \begin{array}{r} {\scriptstyle 1} \\ 2.8 \\ +\ 0.6 \\ \hline 4 \end{array} \Rightarrow \begin{array}{r} {\scriptstyle 1} \\ 2.8 \\ +\ 0.6 \\ \hline 3.4 \end{array}$$

01 수직선을 보고 □ 안에 알맞은 수를 써넣으시오.

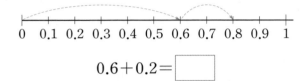

$$0.6+0.2=\boxed{}$$

02 계산을 하시오.

(1) $\begin{array}{r} 0.5 \\ +\ 0.3 \\ \hline \end{array}$ (2) $\begin{array}{r} 2.7 \\ +\ 0.9 \\ \hline \end{array}$

(3) $1.2+0.7$ (4) $1.8+3.8$

03 빈 곳에 알맞은 수를 써넣으시오.

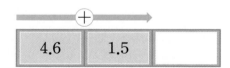

04 계산 결과가 더 큰 것을 찾아 기호를 쓰시오.

| ㉠ $0.1+2.7$ | ㉡ $1.5+1.2$ |

( )

05 계산이 잘못된 곳을 찾아 바르게 계산하시오.

$$\begin{array}{r} 1.6 \\ +\ 3.8 \\ \hline 4.4 \end{array} \Rightarrow$$

교과서 **유형**

06 민지는 딸기 0.4 kg과 체리 0.3 kg을 샀습니다. 민지가 산 딸기와 체리는 모두 몇 kg인지 2가지 방법으로 구하시오.

방법 1

방법 2

답 _____

익힘책 **유형**

07 효주와 동욱이가 생각하는 소수의 합을 구하시오.

내가 생각하는 소수는 0.1이 36개인 수야.

내가 생각하는 소수는 일의 자리 숫자가 7이고 소수 첫째 자리 숫자가 3인 소수 한 자리 수야.

효주   동욱

( )

개념7 소수 한 자리 수의 뺄셈을 해 볼까요

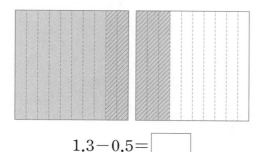

08 전체 크기가 1인 모눈종이 2개에 색칠된 그림을 보고 □ 안에 알맞은 수를 써넣으시오.

$$1.3-0.5=\boxed{}$$

09 계산을 하시오.

(1)
```
  1 . 7
− 0 . 4
```

(2)
```
  2 . 2
− 0 . 8
```

(3) $3.6-2.1$

(4) $6.4-4.5$

10 빈 곳에 두 수의 차를 써넣으시오.

9.6	7.8

11 계산 결과를 비교하여 ○ 안에 >, =, <를 알맞게 써넣으시오.

$$1.6-0.9 \quad \bigcirc \quad 2.4-1.7$$

익힘책 유형

12 계산 결과가 같은 것끼리 선으로 이으시오.

| $0.8-0.2$ | • | • | $2.5-1.9$ |
| $3.3-1.8$ | • | • | $1.7-0.2$ |

13 물병에 물이 1.2 L 들어 있었습니다. 소희가 0.7 L를 마셨다면 남은 물은 몇 L입니까?

(   )

교과서 유형

14 은지와 현태 중 누구의 연필이 몇 cm 더 긴지 식을 쓰고 답을 구하시오.

- 은지: 내 연필은 9.8 cm야.
- 현태: 내 연필은 83 mm야.

식 _____

답 □ 의 연필이 □ cm 더 깁니다.

 소수의 덧셈을 한 다음 소수점을 반드시 찍어야 합니다.

```
  1 . 3
+ 0 . 2
─────
  1   5
```

```
  1 . 3
+ 0 . 2
─────
  1 . 5
```

1 STEP 개념 파헤치기

개념 동영상

개념8 소수 두 자리 수의 덧셈을 해 볼까요

● 0.27+0.15의 계산

방법 1 수직선으로 알아보기

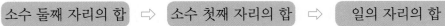

0.27+0.15=0.42

방법 2 세로셈으로 계산하기

소수점끼리 자리를 맞추어 세로로 쓰고 같은 자리 수끼리 더합니다.

소수 둘째 자리의 합 ⇨ 소수 첫째 자리의 합 ⇨ 일의 자리의 합

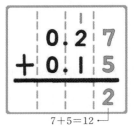 ⇨ 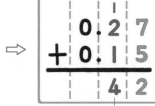 ⇨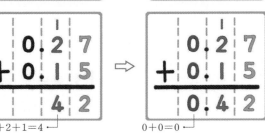

7+5=12 ┘   1+2+1=4 ┘   0+0=0 ┘

개념 체크

❶

```
    0 . 3  1
+   1 . 2  3
─────────────
  □ . □   4
```

❷

```
        1
    1 . 3  6
+   0 . 5  6
─────────────
  □ . □   2
```

하하하. 녀석들은 아직 출발도 못하고 있습니다.

녀석들과 우리가 얼마나 떨어져 있을까?

0.23 km와 0.15 km의 합만큼 떨어져 있는 것 같습니다.

소수점끼리 맞추어 세로로 쓰고 같은 자리 수끼리 더하면 0.38 km 만큼 떨어져 있군.

```
    0 . 2 3
+   0 . 1 5
─────────────
    0 . 3 8
```
0+0=0   3+5=8   2+1=3

쉿, 조용히 하세요. 엄지섬에는 괴물 문어가 살고 있어서 시끄러우면 나타날 수 있거든요.

쉿~!

개념체크정답 ❶ 1, 5   ❷ 1, 9

익힘책 **유형**

1-1 0.13+0.29는 얼마인지 알아보시오.

(1) 수직선에 0.13+0.29를 나타내시오.

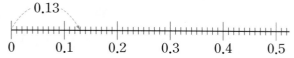

(2) □ 안에 알맞은 수를 써넣으시오.

0.13+0.29=□

힌트 수직선에서 눈금 한 칸의 크기는 0.01입니다.

1-2 0.87+0.16은 얼마인지 알아보시오.

(1) 수직선에 0.87+0.16을 나타내시오.

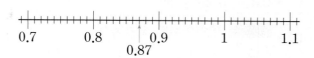

(2) □ 안에 알맞은 수를 써넣으시오.

0.87+0.16=□

2-1 □ 안에 알맞은 수를 써넣으시오.

(1)
```
  □
  0 . 2 5
+ 2 . 6 7
─────────
  □ . □ □
```

(2)
```
  □
  1 . 5 4
+ 1 . 6 3
─────────
  □ . □ □
```

힌트 소수 둘째 자리, 소수 첫째 자리, 일의 자리의 순서대로 같은 자리 수끼리 더합니다.

2-2 계산을 하시오.

(1)
```
  1 . 3 1
+ 0 . 4 8
```

(2)
```
  2 . 8 3
+ 4 . 4 2
```

(3) 6.73+2.18

(4) 3.59+5.64

3-1 빈 곳에 알맞은 수를 써넣으시오.

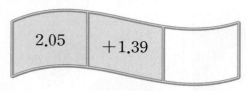

힌트 받아올림에 주의하여 계산합니다.

3-2 빈 곳에 알맞은 수를 써넣으시오.

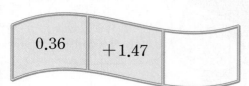

3

소수의 덧셈과 뺄셈

개념 동영상

개념9 소수 두 자리 수의 뺄셈을 해 볼까요

• 0.43−0.28의 계산

방법 1 수직선으로 알아보기

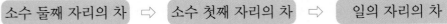

0.43−0.28=0.15

방법 2 세로셈으로 계산하기

소수점끼리 자리를 맞추어 세로로 쓰고 같은 자리 수끼리 뺍니다.

소수 둘째 자리의 차 ⇨ 소수 첫째 자리의 차 ⇨ 일의 자리의 차

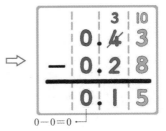

$$\begin{array}{r} 0.\overset{3|10}{\cancel{4}}3 \\ -\ 0.2\ 8 \\ \hline 5 \end{array}$$
10+3−8=5

$$\begin{array}{r} 0.\overset{3|10}{\cancel{4}}3 \\ -\ 0.2\ 8 \\ \hline 1\ 5 \end{array}$$
3−2=1

$$\begin{array}{r} 0.\overset{3|10}{\cancel{4}}3 \\ -\ 0.2\ 8 \\ \hline 0.1\ 5 \end{array}$$
0−0=0

개념 체크

❶
$$\begin{array}{r} 0.3\ 7 \\ -\ 0.1\ 5 \\ \hline \boxed{}.\boxed{}\ 2 \end{array}$$

❷
$$\begin{array}{r} 0.\overset{7}{\cancel{8}}\overset{10}{3} \\ -\ 0.2\ 9 \\ \hline \boxed{}.\boxed{}\ 4 \end{array}$$

왜 그렇게 땀을 흘리세요?

뻘~ 뻘~

긴장을 했더니 목이 마릅니다. 물을 마셔야 겠어요.

물이 0.85 L 남았으니 사또 먼저 드시죠.

내가 0.43 L를 마시겠네.

0.85−0.43을 계산하면 대감은 물을 0.42 L 마시겠네요.

$$\begin{array}{r} 0.8\ 5 \\ -\ 0.4\ 3 \\ \hline 0.4\ 2 \end{array}$$
0−0=0   5−3=2   8−4=4

다 마셨는데도 목이 마르군. 혹시 물이 있나?

물론 있죠. 황금 1개만 주십쇼.

척!

정말 대단해~

익힘책 유형

1-1 전체 크기가 1인 모눈종이를 이용하여
0.67−0.43은 얼마인지 알아보시오.

(1) 0.67만큼 색칠했습니다. 색칠한 부분에서
0.43만큼 ×로 지워 보시오.

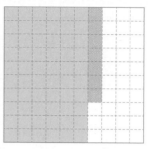

(2) □ 안에 알맞은 수를 써넣으시오.

$$0.67 - 0.43 = \boxed{}$$

(힌트) 모눈종이에서 ×로 지우고 남은 부분의 칸수를
세어 봅니다.

1-2 전체 크기가 1인 모눈종이 2개를 이용하여
1.13−0.25는 얼마인지 알아보시오.

(1) 1.13만큼 색칠했습니다. 색칠한 부분에서
0.25만큼 ×로 지워 보시오.

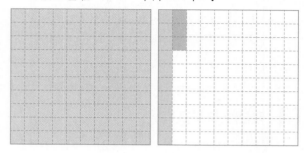

(2) □ 안에 알맞은 수를 써넣으시오.

$$1.13 - 0.25 = \boxed{}$$

2-1 □ 안에 알맞은 수를 써넣으시오.

(1)
```
  □ □
3 . 3 9
− 0 . 5 4
─────────
  □ . □ □
```

(2)
```
  □ □
2 . 8 6
− 1 . 2 7
─────────
□ . □ □
```

(힌트) 소수 둘째 자리, 소수 첫째 자리, 일의 자리의 순
서대로 같은 자리 수끼리 뺍니다.

2-2 계산을 하시오.

(1)
```
  0 . 9 6
− 0 . 2 1
```

(2)
```
  3 . 7 2
− 2 . 3 6
```

(3) 3.27−0.62

(4) 4.35−1.58

3-1 계산 결과를 찾아 선으로 이으시오.

$\boxed{5.28-1.61}$ •

• $\boxed{3.67}$

• $\boxed{4.67}$

(힌트) 같은 자리 수끼리 뺄 수 없으면 바로 윗자리에
서 받아내려 계산합니다.

3-2 계산 결과를 찾아 선으로 이으시오.

$\boxed{7.26-4.67}$ •

• $\boxed{2.59}$

• $\boxed{2.69}$

3

소수의 덧셈과 뺄셈

개념8 소수 두 자리 수의 덧셈을 해 볼까요

$$
\begin{array}{r}
\overset{1}{1}.5\ 7 \\
+\ 0.6\ 4 \\
\hline
1
\end{array}
\Rightarrow
\begin{array}{r}
\overset{1}{1}\overset{1}{}.5\ 7 \\
+\ 0.6\ 4 \\
\hline
2\ 1
\end{array}
\Rightarrow
\begin{array}{r}
\overset{1}{1}\overset{1}{}.5\ 7 \\
+\ 0.6\ 4 \\
\hline
2.2\ 1
\end{array}
$$

01 계산을 하시오.

(1)
$$
\begin{array}{r}
0.8\ 1 \\
+\ 3.5\ 4 \\
\hline
\end{array}
$$

(2)
$$
\begin{array}{r}
2.6\ 2 \\
+\ 1.7\ 9 \\
\hline
\end{array}
$$

(3) $0.08+3.16$

(4) $11.32+0.45$

익힘책 유형

02 모눈종이 전체의 크기가 1이라고 할 때 그림을 보고 □ 안에 알맞은 수를 써넣으시오.

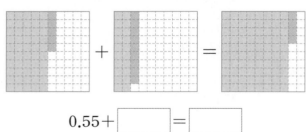

$$0.55+\boxed{}=\boxed{}$$

03 계산 결과를 찾아 선으로 이으시오.

| 2.45+0.96 | • | • | 3.41 |

| 1.68+1.83 | • | • | 3.51 |

04 설명하는 수를 구하시오.

> 0.66보다 1.31 큰 수

( )

05 가장 큰 수와 가장 작은 수의 합을 구하시오.

> 0.87   0.85   0.96

( )

교과서 유형

06 두 책가방의 무게를 합하면 몇 kg입니까?

2.36 kg   3.18 kg

( )

07 김밥 한 줄을 만들 때 사용한 단무지와 오이는 모두 몇 g입니까?

김밥 한 줄의 재료:
햄 4.12 g
단무지 3.17 g
당근 3.09 g
오이 2.95 g

( )

개념9 소수 두 자리 수의 뺄셈을 해 볼까요

$$
\begin{array}{r}
{\scriptstyle 2\ 10} \\
2.\cancel{3}\,4 \\
-\ 0.5\,7 \\
\hline
7
\end{array}
\Rightarrow
\begin{array}{r}
{\scriptstyle 1\ 12\ 10} \\
\cancel{2}.\cancel{3}\,4 \\
-\ 0.5\,7 \\
\hline
7\ 7
\end{array}
\Rightarrow
\begin{array}{r}
{\scriptstyle 1\ 12\ 10} \\
\cancel{2}.\cancel{3}\,4 \\
-\ 0.5\,7 \\
\hline
1.7\ 7
\end{array}
$$

08 계산을 하시오.

(1) $\begin{array}{r} 3.6\,9 \\ -\ 0.2\,7 \\ \hline \end{array}$ (2) $\begin{array}{r} 8.9\,2 \\ -\ 3.4\,5 \\ \hline \end{array}$

(3) $0.93 - 0.65$

(4) $7.58 - 3.96$

09 □ 안에 알맞은 수를 써넣으시오.

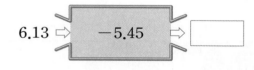

$6.13 \Rightarrow \boxed{-5.45} \Rightarrow \boxed{}$

10 계산이 잘못된 곳을 찾아 바르게 계산하시오.

$\begin{array}{r} 2.3\,6 \\ -\ 1.5\,5 \\ \hline 1.8\,1 \end{array} \Rightarrow$

11 계산 결과를 비교하여 ○ 안에 >, =, <를 알맞게 써넣으시오.

$$10.57 - 3.21 \bigcirc 8.83 - 0.59$$

교과서 **유형**

12 감자가 들어 있는 바구니와 빈 바구니의 무게는 다음과 같습니다. 바구니에 들어 있는 감자만의 무게는 몇 kg입니까?

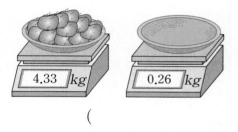

(   )

익힘책 **유형**

13 카드를 한 번씩 모두 이용하여 소수 두 자리 수를 만들려고 합니다. 만들 수 있는 가장 큰 수와 가장 작은 수의 차는 얼마인지 알아보시오.

$\boxed{2}\ \boxed{5}\ \boxed{8}\ \boxed{.}$

(1) 만들 수 있는 가장 큰 수는 얼마입니까?

(   )

(2) 만들 수 있는 가장 작은 수는 얼마입니까?

(   )

(3) 만들 수 있는 가장 큰 수와 가장 작은 수의 차는 얼마입니까?

(   )

 아랫자리로 받아내림을 한 뒤 받아내림한 수를 빼는 것을 잊지 않도록 주의합니다.

잘못된 계산
$\begin{array}{r} {\scriptstyle 10} \\ 4.3\,6 \\ -\ 1.7\,5 \\ \hline 3.6\,1 \end{array}$

바른 계산
$\begin{array}{r} {\scriptstyle 3\ 10} \\ 4.\cancel{3}\,6 \\ -\ 1.7\,5 \\ \hline 2.6\,1 \end{array}$

3

소수의 덧셈과 뺄셈

개념 10 자릿수가 다른 소수의 덧셈을 해 볼까요

• 0.82＋0.3의 계산

방법 1 모눈종이로 알아보기

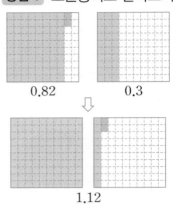

0.82＋0.3＝1.12

방법 2 세로셈으로 계산하기

소수점끼리 자리를 맞추어 세로로 쓰고 같은 자리 수끼리 더합니다.

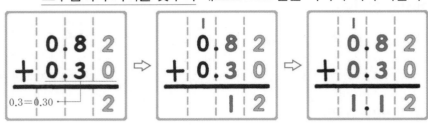

0.3＝0.30

오른쪽 끝자리끼리 맞추면 안 돼.

$$\begin{array}{r} 0.82 \\ +\ \ 0.3 \\ \hline (\times) \end{array}$$

$$\begin{array}{r} 0.82 \\ +0.3\ \ \\ \hline (\bigcirc) \end{array}$$

소수점끼리 자리를 맞추어요.

개념 체크

❶
$$\begin{array}{r} 0.25 \\ +0.4\ \ \\ \hline \end{array}$$
⇒
$$\begin{array}{r} 0.2\ 5 \\ +\ 0.4\ 0 \\ \hline \square.\square\ 5 \end{array}$$

❷
$$\begin{array}{r} 3.6\ \ \\ +0.18 \\ \hline \end{array}$$
⇒
$$\begin{array}{r} 3.6\ 0 \\ +\ 0.1\ 8 \\ \hline \square.\square\ 8 \end{array}$$

뭘 찾으세요?

0.4 m보다 0.32 m 더 긴 판자를 찾고 있어.

그럼 몇 m죠?

소수점끼리 자리를 맞추어 계산하면 0.72 m야.

$$\begin{array}{r} 0.4\ 0 \\ +\ 0.3\ 2 \\ \hline 0.7\ 2 \end{array}$$

산도가 못을 박아 줘서 금방 완성하겠어.

딱!

끄아악!

너를 위해 노를 만들었어.

정말요?

마음에 드니?

너무 좋아요!

개념 체크 정답 ❶ 0.6 ❷ 3.7

1-1 0.58＋0.7은 얼마인지 알아보려고 합니다. □ 안에 알맞은 수를 써넣으시오.

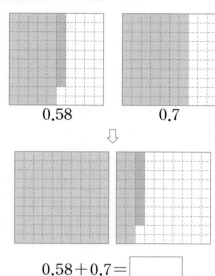

0.58   0.7

0.58＋0.7＝ ☐

(힌트) 모눈종이에서 색칠한 칸의 수를 세어 소수로 나타냅니다.

1-2 1.4＋0.66은 얼마인지 알아보려고 합니다. □ 안에 알맞은 수를 써넣으시오.

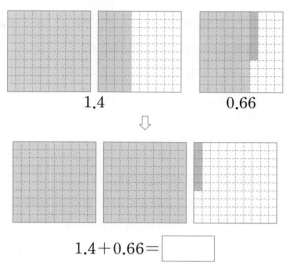

1.4   0.66

1.4＋0.66＝ ☐

2-1 2.61＋0.3을 바르게 계산한 것에 ○표 하시오.

```
    2.6 1              2.6 1
  +   0.3            +   0.3
  ─────────          ─────────
    2.6 4              2.9 1
```

(　　　)   (　　　)

(힌트) 소수점끼리 맞추고 계산해야 합니다.

2-2 3.4＋1.12를 바르게 계산한 것에 ○표 하시오.

```
    3.4                 3.4
  + 1.1 2             + 1.1 2
  ─────────           ─────────
    4.5 2               1.4 6
```

(　　　)   (　　　)

익힘책 유형

3-1 계산을 하시오.

(1)
```
    4.1 2
  + 0.8 0
```

(2)
```
    5.3 0
  + 1.8 2
```

(힌트) 소수 끝자리에 0이 생략된 것을 생각하여 같은 자리 수끼리 더합니다.

3-2 계산을 하시오.

(1)
```
    3.1 5
  + 1.7
```

(2)
```
    1.9
  + 2.3 4
```

3

소수의 덧셈과 뺄셈

개념 파헤치기

개념11 자릿수가 다른 소수의 뺄셈을 해 볼까요   개념 동영상

개념 체크

● 1.2－0.96의 계산

방법 1 수직선으로 알아보기

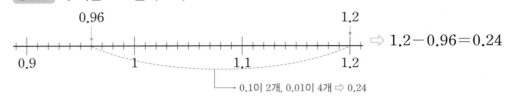

⇨ 1.2－0.96＝0.24

0.1이 2개, 0.01이 4개 ⇨ 0.24

방법 2 세로셈으로 계산하기

소수점끼리 자리를 맞추어 세로로 쓰고 같은 자리 수끼리 뺍니다.

오른쪽 끝자리끼리 맞추면 안 돼.

$$1.2 \\ -0.96 \\ \hline (\times)$$

$$1.2 \\ -0.96 \\ \hline (\bigcirc)$$

소수점끼리 자리를 맞추어요.

개념 체크

❶
```
  0 . 4 6
- 0 . 3 0
─────────
  □ . □ 6
```

❷
```
    0  10
  1 . 3 2
- 0 . 6 0
─────────
  □ . □ 2
```

❸
```
       8  10
  1 . 9  0
- 0 . 2  7
─────────
  □ . □ 3
```

엄지섬까지 얼마나 남았지?

0.62 km 중에서 0.5 km만큼 왔습니다.

```
  0 . 6 2
- 0 . 5 0
─────────
  0 . 1 2
```
소수점끼리 자리를 맞추어 계산하면 0.12 km 남았군.

엄지섬이 꽤 멀군요. 아니?!

녀석들이 엄청난 속도로 따라오고 있어! 속도를 더 내게, 뱃사공!

추가 요금을 내시죠. 그만큼 줬으면 빨리 좀 가줘.

개념 체크 정답 ❶ 0.1 ❷ 0.7 ❸ 1.6

익힘책 유형

1-1 전체 크기가 1인 모눈종이 2개를 이용하여 1.3−0.48은 얼마인지 알아보시오.

(1) 1.3만큼 색칠했습니다. 색칠한 부분에서 0.48만큼 ×로 지워 보시오.

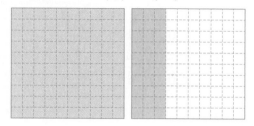

(2) □ 안에 알맞은 수를 써넣으시오.

1.3−0.48=☐

(힌트) 모눈종이에서 ×로 지우고 남은 부분의 칸수를 세어 봅니다.

1-2 전체 크기가 1인 모눈종이 2개를 이용하여 1.16−0.4는 얼마인지 알아보시오.

(1) 1.16만큼 색칠했습니다. 색칠한 부분에서 0.4만큼 ×로 지워 보시오.

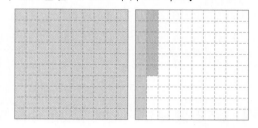

(2) □ 안에 알맞은 수를 써넣으시오.

1.16−0.4=☐

2-1 3.4−1.23을 계산한 것입니다. 계산이 바르면 ○표, 틀리면 ×표 하시오.

$$
\begin{array}{r}
3.4 \\
- 1.2\ 3 \\
\hline
1.1\ 1
\end{array}
$$

(   )

(힌트) 소수점끼리 맞추고 계산해야 합니다.

2-2 2.64−1.3을 계산한 것입니다. 계산이 바르면 ○표, 틀리면 ×표 하시오.

$$
\begin{array}{r}
2.6\ 4 \\
- 1.3 \\
\hline
1.3\ 4
\end{array}
$$

(   )

3-1 계산을 하시오.

(1)
$$
\begin{array}{r}
5.3\ 4 \\
- 1.6\ 0 \\
\hline
\end{array}
$$

(2)
$$
\begin{array}{r}
3.8\ 0 \\
- 2.5\ 3 \\
\hline
\end{array}
$$

(힌트) 소수점끼리 맞추어 세로로 쓰고 같은 자리 수끼리 뺍니다.

3-2 계산을 하시오.

(1)
$$
\begin{array}{r}
9.6\ 2 \\
- 7.9 \\
\hline
\end{array}
$$

(2)
$$
\begin{array}{r}
6.2 \\
- 3.5\ 2 \\
\hline
\end{array}
$$

3

소수의 덧셈과 뺄셈

개념10 자릿수가 다른 소수의 덧셈을 해 볼까요

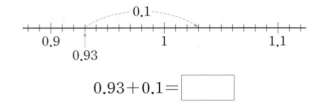

01 수직선을 보고 □ 안에 알맞은 수를 써넣으시오.

$$0.93 + 0.1 = \boxed{}$$

02 계산을 하시오.

(1)
```
   0. 2 8
 + 0. 5
```

(2)
```
   1. 7
 + 0. 3 3
```

(3) $2.2 + 0.05$

(4) $3.34 + 1.8$

03 빈 곳에 알맞은 수를 써넣으시오.

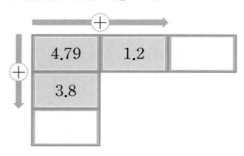

04 계산이 <u>잘못된</u> 곳을 찾아 바르게 계산하고 잘못된 이유를 쓰시오.

```
   0. 6 1
 +    1. 3
 ─────────
   0. 7 4
```
⇨ □

이유 _____

05 집에서 학교를 거쳐 학원까지 가는 거리는 몇 km입니까?

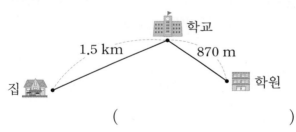

(　　　　　　)

06 자릿수가 다른 소수의 덧셈식에 잉크가 묻어 일부분이 보이지 않습니다. ㉠, ㉡에 알맞은 숫자를 구하시오.

```
   ㉠. 7 9
 +   4. 8
 ─────────
   7. 5 ㉡
```

㉠: □ , ㉡: □

개념11 자릿수가 다른 소수의 뺄셈을 해 볼까요

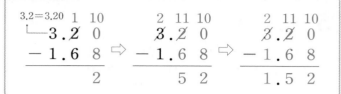

$$3.2 = 3.20$$

```
  1  10
  3 . 2  0
- 1 . 6  8
─────────────
         2
```
⇨
```
 2  11 10
 3 . 2  0
-1 . 6  8
─────────────
     5    2
```
⇨
```
 2  11 10
 3 . 2  0
-1 . 6  8
─────────────
  1 . 5  2
```

익힘책 유형

07 계산을 하시오.

(1)
```
    8 . 8
 - 5 . 5 3
```

(2)
```
    7 . 1 6
 -  3 . 4
```

(3) 6.4 − 0.85

(4) 5.62 − 1.9

08 빈 곳에 두 수의 차를 써넣으시오.

8.37	4.5

09 설명하는 수를 구하시오.

16.3보다 1.88 작은 수

(   )

10 빈 곳에 알맞은 수를 써넣으시오.

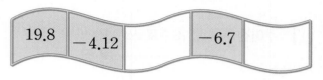

| 19.8 | −4.12 | | −6.7 | |

11 밀가루 2 kg 중에서 0.83 kg을 사용하여 빵을 만들었습니다. 사용하고 남은 밀가루는 몇 kg입니까?

(   )

교과서 유형

12 현서와 태준이가 설명하는 두 수를 •보기•에서 찾아 두 수의 차를 구하시오.

보기
| 1.04 | 1.3 | 0.96 | 1.8 |

이 수는 1.7보다 크고 2보다는 작아.

이 수는 1.2보다는 작고 1보다는 커.

현서   태준

(   )

3

소수의 덧셈과 뺄셈

해결의 창 자릿수가 다른 소수를 계산할 때는 소수점끼리 맞추어 계산해야 합니다.

잘못된 계산
```
  1 6 . 4
+     0 . 2 2
─────────────
    1 . 8 6
```
✗

바른 계산
```
  1 6 . 4
+    0 . 2 2
─────────────
  1 6 . 6 2
```
○

01 주어진 분수를 소수로 쓰시오.

$$\frac{47}{100}$$

( )

02 소수를 읽어 보시오.

(1)

0.68

( )

(2)

3.507

( )

03 소수에서 생략할 수 있는 0을 모두 찾아 /로 그어 보시오.

0.060   3.007   5.400

04 □ 안에 알맞은 소수를 써넣으시오.

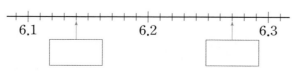

05 계산을 하시오.

(1) 0.8
   + 1.6

(2) 3.4
   − 0.9

06 두 수의 크기를 비교하여 ○ 안에 >, <를 알맞게 써넣으시오.

(1) 1.57 ◯ 1.62

(2) 8.496 ◯ 8.493

07 빈 곳에 알맞은 수를 써넣으시오.

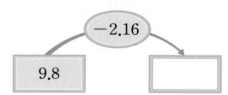

08 빈칸에 알맞은 수를 써넣으시오.

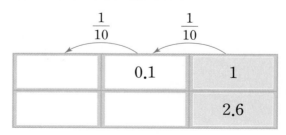

09 덧셈을 하시오.

(1) $5.68 + 3.47$

(2) $13.4 + 2.81$

10 ☐ 안에 알맞은 소수를 써넣으시오.

(1) $41 \text{ cm} = \boxed{} \text{ m}$

(2) $95 \text{ g} = \boxed{} \text{ kg}$

(3) $150 \text{ mL} = \boxed{} \text{ L}$

11 빈 곳에 알맞은 수를 써넣으시오.

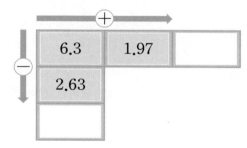

12 2.3과 같은 수를 설명한 사람의 이름을 쓰시오.

( )

13 이틀 전 강낭콩의 길이는 0.18 m였습니다. 오늘 재어 보니 이틀 전보다 0.04 m가 더 자랐습니다. 오늘 잰 강낭콩의 길이는 몇 m인지 식을 쓰고 답을 구하시오.

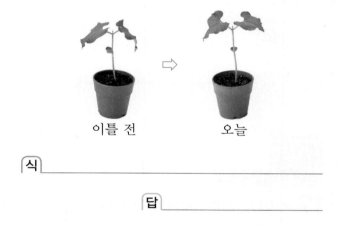

식 _____

답 _____

14 다음 중 8이 나타내는 수가 가장 작은 소수는 어느 것입니까? ·························· ( )

① 8.34   ② 5.8   ③ 3.98

④ 2.018   ⑤ 0.857

15 5.038을 바르게 설명한 사람의 이름을 모두 쓰시오.

> • 소민: 오 점 영삼팔이라고 읽어.
> • 광수: 3은 소수 둘째 자리 숫자야.
> • 석희: 5.38과 같은 수야.

( )

3

소수의 덧셈과 뺄셈

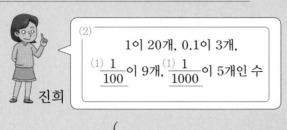
정답은 23쪽

16 계산이 <u>잘못된</u> 곳을 찾아 바르게 계산하고 잘못된 이유를 쓰시오.

$$
\begin{array}{r}
3.6\ 9 \\
-\quad 2.5 \\
\hline
3.4\ 4
\end{array}
\Rightarrow
$$

이유 _____

유사 문제

17 ㉠이 나타내는 수는 ㉡이 나타내는 수의 몇 배입니까?

28.981
㉠ ㉡

(   )

18 서우네 집에서 학교, 도서관, 경찰서까지의 거리입니다. 서우네 집에서 가까운 곳부터 순서대로 쓰시오.

집 ~ 학교	0.68 km
집 ~ 도서관	1130 m
집 ~ 경찰서	0.237 km

(   )

19 (2)진희가 설명하는 수를 소수로 나타내시오.

(2)
1이 20개, 0.1이 3개,
(1) $\frac{1}{100}$ 이 9개, (1) $\frac{1}{1000}$ 이 5개인 수

진희

(   )

해결의 법칙

(1) $\frac{1}{100}$ 과 $\frac{1}{1000}$ 을 소수로 써 봅니다.

(2) 설명하는 수를 소수로 써 봅니다.

20 □ 안에 알맞은 숫자를 써넣으시오.

$$
\begin{array}{r}
9.^{(2)}\square\ 8 \\
-\ ^{(3)}\square.2\ 9 \\
\hline
4.1\ ^{(1)}\square
\end{array}
$$

해결의 법칙

(1) 소수 둘째 자리 계산에서 □ 안에 알맞은 숫자를 구해 봅니다.

(2) 소수 첫째 자리 계산에서 □ 안에 알맞은 숫자를 구해 봅니다.

(3) 일의 자리 계산에서 □ 안에 알맞은 숫자를 구해 봅니다.

QR 코드를 찍어 게임을 해 보고 이번 단원을 확실히 익혀 보세요!

정답은 23쪽

1 수민이와 친구들은 '도전! 소수 네 고개' 놀이를 하려고 합니다. 도움말을 읽고 친구들이 생각한 소수 4.35를 수민이가 맞힐 수 있도록 대화를 완성해 보시오.

도움말

1. 소수 두 자리 수이며 소수의 각 자리 숫자는 서로 다릅니다.

2. 4보다 크고 ㉠보다 작은 소수입니다.

3. 일의 자리 숫자와 소수 둘째 자리 숫자의 합은 ㉡입니다.

4. 이 소수를 ㉢배 하면 일의 자리 숫자는 3입니다.

예진: 1번과 2번을 읽고 일의 자리 숫자가 4라는 걸 알려면 ㉠은 □여야 해. ㉠이 □보다 크면 일의 자리 숫자가 될 수 있는 수가 여러 개가 되거든.

성태: 3번까지 읽고 소수 둘째 자리 숫자가 5인걸 알려면 ㉡은 □여야 해.

민준: 아직 모르는 숫자는 소수 첫째 자리 숫자야. 4번을 읽고 소수 첫째 자리 숫자를 알 수 있어야 해.

휘정: 소수 첫째 자리 숫자 3이 일의 자리 숫자가 되려면 소수점을 기준으로 수가 왼쪽으로 (한 , 두) 자리 이동해야 하니까 ㉢은 □이어야 해.

2 이번에는 수민이가 '도전! 소수 네 고개' 놀이의 도움말을 만들려고 합니다. 수민이가 생각한 소수가 7.14일 때 이 소수를 친구들이 알 수 있도록 도움말을 완성해 보시오.

도움말

1. 소수 두 자리 수이며 소수의 각 자리 숫자는 서로 다릅니다.

2. □보다 크고 □보다 작은 소수입니다.

3. 일의 자리 숫자와 소수 첫째 자리 숫자의 차는 □입니다.

4. _____

3

소수의 덧셈과 **뺄셈**

4 사각형

제4화 바다 속 괴물 문어를 불러내다!

허걱!

거기 서라!! 나쁜 일당들!

배가 느려서 곧 따라 잡히겠어요.

깅가밍가야. 저들과 우리 거리는 얼마나 되느냐?

어사와 산도가 100 m 거리에서 평행하게 쫓아 옵니다.

거기섯!

서로 만나지 않는 두 직선을 평행하다고 합죠~.

평행

빨리 노나 저으라구!

저 정도 빠르기면 저자들이 엄지섬에 먼저 도착하겠어요!

허허! 큰일이군.

앗! 바닷속에 괴물 문어가 있댔잖은가?

그렇긴 한데…… 그건 왜……요?

으하핫!

저자들을 괴물 문어의 간식 거리가 되도록 합시다!

어떻게 말이오?

괴물 문어는 구린 냄새를 아주 좋아 해요!

그래서 이 곳을 지날 때는 방귀도 함부로 끼면 안되죠.

흐음……

개념1 　수직을 알아볼까요

개념 동영상

- 두 직선이 만나서 이루는 각이 직각일 때, 두 직선은 서로 수직이라고 합니다.
  또 두 직선이 서로 수직으로 만나면 한 직선을 다른 직선에 대한 수선이라고 합니다.

직각인지 알아보려면 삼각자의 직각인 부분을 대어 보거나 각도기로 재어 보면 돼.

- 수선 긋기

방법 1

삼각자에서 직각을 낀 변 중 한 변을 주어진 직선에 맞추기 ⇨ 직각을 낀 다른 한 변을 따라 선 긋기

방법 2

각도기의 중심을 점 ㄱ에 맞추고 90°가 되는 눈금 위에 점 ㄴ 찍기 ⇨ 점 ㄱ과 점 ㄴ을 직선으로 잇기

개념 체크

❶ 두 직선이 만나서 이루는 각이 직각일 때, 두 직선은 서로 　　　　 이라고 합니다.

❷ 두 직선이 서로 수직으로 만나면 한 직선을 다른 직선에 대한 　　　　 이라고 합니다.

어서어서!! 우리가 엄지섬에 먼저 가야 돼요!

헉! 이 수직 벽을 어떻게 오르지?

수직 이라면?

두 직선이 만나서 이루는 각이 직각일 때, 두 직선은 서로 수직이라 하죠. 또 두 직선이 서로 수직으로 만나면 한 직선을 다른 직선에 대한 수선이라고 하죠.

됐고! 저 수직 벽을 올라갈 방법이나 찾거라!

좋은 방법이 있습죠~

뭐 하나?

뒤적~ 뒤적~

잠깐 만요~

으아악~ 뱀이닷!

제 말이 맞죠~!

개념 체크 정답 ❶ 수직 ❷ 수선

교과서 유형

1-1 두 직선이 만나서 이루는 각이 직각인 곳을 모두 찾아 └ 로 표시하시오.

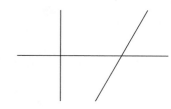

🔍힌트 삼각자의 직각 부분을 대어 보거나 각도기로 재어 봅니다.

1-2 두 직선이 만나서 이루는 각이 직각인 곳을 모두 찾아 └ 로 표시하시오.

2-1 삼각자를 사용하여 직선 가에 수직인 직선을 바르게 그은 것에 ○표 하시오.

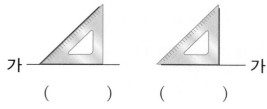

가 ( ) 가 ( )

🔍힌트 삼각자의 직각인 부분을 사용하여 주어진 직선과 수직으로 만나는 직선을 그을 수 있습니다.

2-2 삼각자를 사용하여 직선 가에 대한 수선을 바르게 그은 것에 ○표 하시오.

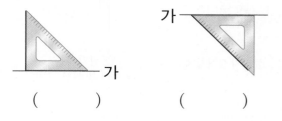

( ) ( )

3-1 각도기를 사용하여 직선 가에 대한 수선을 바르게 그은 것에 ○표 하시오.

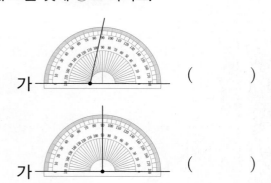

( )

( )

🔍힌트 각도기의 밑금을 직선 가에 일치시켰는지, 각도기의 중심을 맞춘 점과 90°가 되는 눈금 위에 찍은 점을 이었는지 확인합니다.

3-2 각도기를 사용하여 직선 가에 대한 수선을 바르게 그은 것에 ○표 하시오.

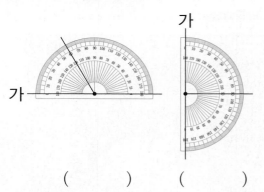

( ) ( )

개념 동영상

개념2 평행을 알아볼까요

● 한 직선에 수직인 두 직선을 그었을 때, 그 두 직선은 서로 만나지 않습니다. 이와 같이 **서로 만나지 않는 두 직선을** 평행하다고 합니다. 이때 **평행한 두 직선을** 평행선이라고 합니다.

평행

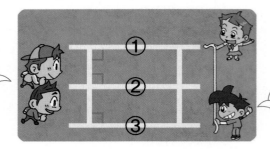

평행선을 따라 달려 볼까?

①, ②, ③은 서로 평행한 직선들이야.

● 평행선 긋기

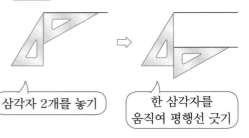

방법 1

삼각자 2개를 놓기

한 삼각자를 움직여 평행선 긋기

방법 2

삼각자의 한 변을 직선에 맞추고 다른 한 변이 점 ㄱ을 지나도록 놓기

다른 삼각자를 사용하여 점 ㄱ을 지나는 평행선 긋기

개념 체크

❶ 서로 만나지 않는 두 직선을 [   ]하다 고 합니다.

❷ 평행한 두 직선을 [   ]이라고 합니다.

으아악~ 빨리 도망가자!

괴물 문어가 너무 빨라~

저기 평행한 돌기둥 사이를 지나 바위로 숨자!

평행한 돌기둥이요?

한 직선에 수직인 두 직선을 그었을 때, 그 두 직선은 서로 만나지 않아요. 이와 같이 서로 만나지 않는 두 직선을 평행 하다고 하는 거예요~

어서 돌기둥 사이로 도망가자! 어서!!

저 사이로 지나가기엔 너무 좁아요!

헉!!

개념 체크 정답 ❶ 평행 ❷ 평행선

익힘책 유형

1-1 도형을 보고 □ 안에 알맞은 말을 써넣으시오.

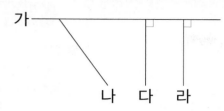

(1) 직선 가에 수직인 직선은 직선 □와 직

선 □이고 이 두 직선은 서로 만나지 않

습니다.

(2) 서로 만나지 않는 두 직선을 □하다

고 합니다.

힌트 직선 가에 수직인 두 직선은 서로 만나지 않습니다.

1-2 도형을 보고 □ 안에 알맞은 말을 써넣으시오.

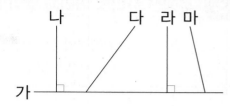

(1) 직선 가에 수직인 직선은 직선 □와 직

선 □이고 이 두 직선은 □합니다.

(2) 평행한 두 직선을 □(이)라고

합니다.

2-1 주어진 직선과 평행한 직선을 그어 보시오.

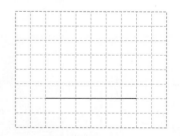

힌트 모눈종이의 가로줄과 세로줄이 서로 수직으로 만나는 것을 이용합니다.

2-2 주어진 직선과 평행한 직선을 그어 보시오.

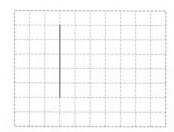

익힘책 유형

3-1 직사각형에서 서로 평행한 변을 모두 찾아 쓰시오.

변 ㄱㄴ과 변 □ , 변 ㄱㄹ과 변 □

힌트 각각의 변과 서로 만나지 않는 변을 찾습니다.

3-2 정사각형에서 서로 평행한 변을 모두 찾아 쓰시오.

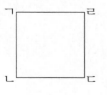

(   )

개념 동영상

개념3 평행선 사이의 거리를 알아볼까요

- 평행선 사이의 거리: 평행선의 한 직선에서 다른 직선에 수선을 그었을 때
  이 수선의 길이

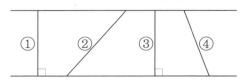
① ② ③ ④

> 평행선 사이의 거리를 나타내는 선분은 ①, ③으로 어디에서 재어도 모두 같습니다.

평행선 사이의 거리는
평행선 사이에 그은 선분 중 가장 짧은 선분입니다.

가   나

> 평행선 가와 나 사이에 그은 선분 중 가장 짧은 선분!

> 내가 가장 짧은 거리로 수영했지.

개념 체 크

❶ 평행선의 한 직선에서 다른 직선에 (수선 , 평행선)을 그었을 때 그 선의 길이를 평행선 사이의 거리라고 합니다.

❷ 평행선 사이의 거리는 평행선 사이에 그은 선분 중 가장 (긴 , 짧은) 선분입니다.

> 돌기둥 사이의 거리가 좁아서 우리가 돌기둥 사이에 끼어 버리겠어!

> 평행선의 한 직선에서 다른 직선에 수선을 그었을 때 그 수선의 길이를 평행선 사이의 거리라고 해요.

평행선 사이의 거리

> 이것도 평행선 사이의 거리겠군요.

> 그렇다면 돌기둥 옆으로 가자!

> 이 녀석들! 거기 서!

> 그나저나 괴물 문어를 피해 엄지섬까지 어떻게 가지?

개념체크정답 ❶ 수선에 ◯표 ❷ 짧은에 ◯표

정답은 25쪽

4

사각형

익힘책 유형

1-1 직선 가와 직선 나는 서로 평행합니다. 평행선 사이의 거리를 나타내는 선분을 찾아 쓰시오.

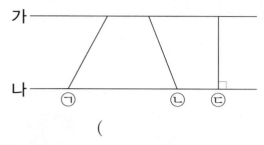

(   )

힌트 평행선 사이의 거리는 평행선의 한 직선에서 다른 직선에 그은 수선의 길이입니다.

1-2 직선 가와 직선 나는 서로 평행합니다. 평행선 사이의 거리를 나타내는 선분을 모두 찾아 쓰시오.

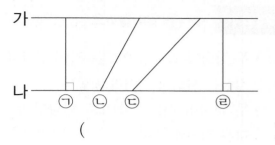

(   )

2-1 평행선 사이의 거리는 몇 cm입니까?

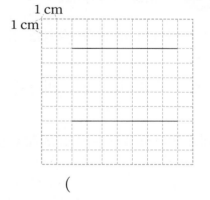

(   )

힌트 모눈 한 칸이 1 cm입니다.

2-2 평행선 사이의 거리는 몇 cm입니까?

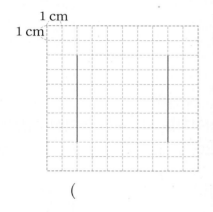

(   )

교과서 유형

3-1 평행선 사이의 거리가 2 cm가 되도록 평행선을 그어 보시오.

힌트 주어진 직선과 2 cm 떨어지도록 평행한 직선을 그어 봅니다.

3-2 평행선 사이의 거리가 3 cm가 되도록 평행선을 그어 보시오.

개념1 수직을 알아볼까요

- 두 직선이 만나서 이루는 각이 직각일 때, 두 직선은 서로 수직이라고 합니다.
- 두 직선이 서로 수직으로 만나면 한 직선을 다른 직선에 대한 수선이라고 합니다.

01 서로 수직인 변이 있는 도형을 찾아 ○표 하시오.

(   )   (   )   (   )

교과서 유형

02 삼각자를 사용하여 주어진 직선에 대한 수선을 그어 보시오.

03 파란색 변과 수직인 변은 모두 몇 개입니까?

(   )

04 바르게 말한 사람은 누구입니까?

민서: 한 직선에 대한 수선은 1개만 그을 수 있어.

지수: 아니야. 무수히 많이 그을 수 있어.

(   )

개념2 평행을 알아볼까요

- 서로 만나지 않는 두 직선을 평행하다고 합니다.
- 평행한 두 직선을 평행선이라고 합니다.

05 서로 만나지 않는 두 직선을 모두 찾아 쓰시오.

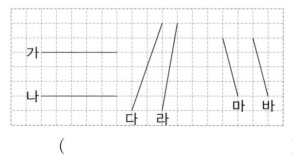

(   )

익힘책 유형

06 삼각자를 사용하여 점 ㄱ을 지나고 직선 가와 평행한 직선을 그어 보시오.

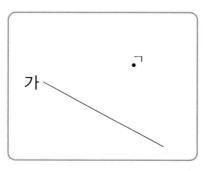

07 평행선이 두 쌍인 사각형을 그려 보시오.

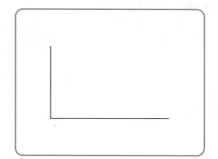

09 평행선 사이의 거리는 몇 cm입니까?

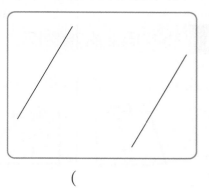

(   )

개념3 **평행선 사이의 거리를 알아볼까요**

- 평행선 사이의 거리: 평행선의 한 직선에서 다른 직선에 수선을 그었을 때 이 수선의 길이

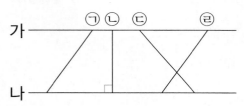

평행선 사이의 거리

10 평행선 사이의 거리가 2 cm가 되도록 주어진 직선과 평행한 직선을 그어 보시오.

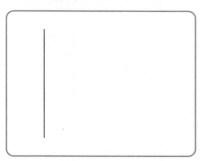

익힘책 유형

08 직선 가와 직선 나는 서로 평행합니다. □ 안에 알맞게 써넣으시오.

가 ㉠ ㉡ ㉢ ㉣

나

직선 가와 직선 나 위에 있는 두 점을 이은 선분 중 길이가 가장 짧은 선분은 선분 ☐ 이고, 이 선분과 같이 평행선 사이의 수선의 길이를

☐ 라고 합니다.

익힘책 유형

11 도형에서 평행선을 찾아 평행선 사이의 거리를 재어 보시오.

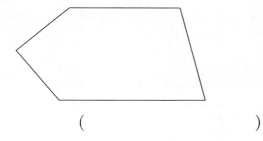

(   )

해결의 창

- 평행선 사이의 거리
  ① 평행선 사이에 그은 선분 중 가장 짧은 선분입니다. (평행선에 가장 짧은 선분을 그으려면 평행선의 한 직선에 대한 수선을 그어야 합니다.)
  ② 평행선 사이의 거리는 어디에서 재어도 길이가 모두 같습니다.

개념4 사다리꼴을 알아볼까요

개념 동영상

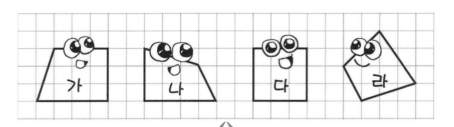

평행한 변이 있는지에 따라 사각형을 분류했어.

평행한 변이 있음
가, 다

평행한 변이 없음
나, 라

평행한 변이 한 쌍이라도 있는 사각형
⇨ 사다리꼴

평행

개념 체크

❶ 평행한 변이 한 쌍이라도 있는 사각형을 사다리꼴이라고 합니다.
.... (○ , ×)

❷ 평행한 변이 두 쌍인 사각형도 사다리꼴이라고 합니다.
.... (○ , ×)

개념 체크 정답 ❶ ○에 ○표 ❷ ○에 ○표

4

사각형

익힘책 유형

1-1 사각형을 보고 물음에 답하시오.

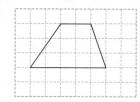

(1) 서로 평행한 변을 찾아 ○표 하시오.

(2) 위와 같은 사각형을 무엇이라고 합니까?

(   )

힌트 평행한 변이 한 쌍이라도 있는 사각형을 사다리꼴이라고 합니다.

1-2 사각형을 보고 물음에 답하시오.

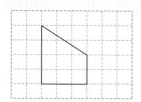

(1) 서로 평행한 변이 있습니까, 없습니까?

(   )

(2) 위 사각형을 사다리꼴이라고 할 수 있습니까, 없습니까?

(   )

2-1 사다리꼴이면 ○표, 아니면 ×표 하시오.

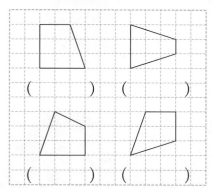

(   )   (   )

(   )   (   )

힌트 평행한 변이 있는지, 없는지 살펴봅니다.

2-2 사다리꼴이면 ○표, 아니면 ×표 하시오.

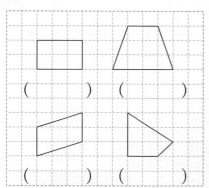

(   )   (   )

(   )   (   )

교과서 유형

3-1 사다리꼴을 완성하시오.

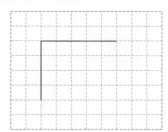

힌트 마주 보는 한 쌍의 변이 평행한 사각형을 그립니다.

3-2 사다리꼴을 완성하시오.

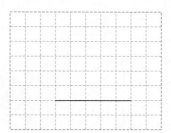

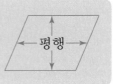

개념 5 평행사변형을 알아볼까요

개념 동영상

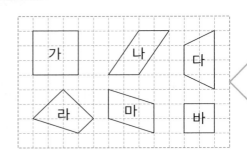

평행한 변이 1쌍	다, 라
평행한 변이 2쌍	가, 나, 마, 바

마주 보는 두 쌍의 변이 서로 평행한 사각형
⇨ 평행사변형

평행

● **평행사변형의 성질**

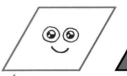

두 각의 크기의 합 ⇨ 180°

① 마주 보는 두 변의 길이가 같습니다.

② 마주 보는 두 각의 크기가 같습니다.

③ 이웃한 두 각의 크기의 합이 180°입니다.

플래쉬 학습

개 념 체 크

❶ 마주 보는 (한 , 두) 쌍의 변이 서로 평행한 사각형을 평행사변형이라고 합니다.

❷ 평행사변형의 마주 보는 두 각의 크기는 (같습니다 , 다릅니다).

개 념 체 크 정 답 ❶ 두에 ◯표 ❷ 같습니다에 ◯표

1-1 평행사변형에 모두 ○표 하시오.

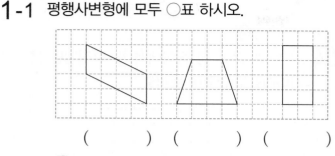

(   )   (   )   (   )

힌트 마주 보는 두 쌍의 변이 서로 평행한 사각형을 평행사변형이라고 합니다.

1-2 평행사변형을 모두 찾아 기호를 쓰시오.

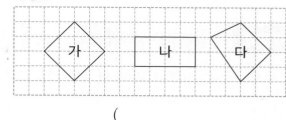

(   )

4

사각형

교과서 유형

2-1 평행사변형을 완성하시오.

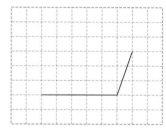

힌트 마주 보는 두 쌍의 변이 서로 평행하도록 사각형을 그립니다.

2-2 평행사변형을 완성하시오.

익힘책 유형

3-1 평행사변형입니다. □ 안에 알맞은 수를 써넣으시오.

(1)

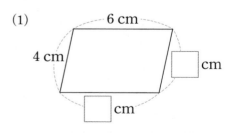

(2)

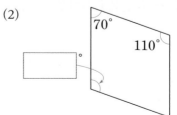

힌트 평행사변형에서 마주 보는 두 변의 길이와 두 각의 크기는 각각 같습니다.

3-2 평행사변형입니다. □ 안에 알맞은 수를 써넣으시오.

(1)

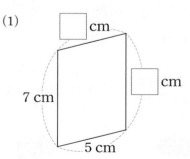

(2)

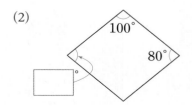

2 STEP 개념 확인하기

개념4 사다리꼴을 알아볼까요

- 사다리꼴: 평행한 변이 한 쌍이라도 있는 사각형

01 사다리꼴입니다. 평행한 변끼리 같은 색깔을 칠해 보시오.

교과서 유형

02 사다리꼴을 완성하시오.

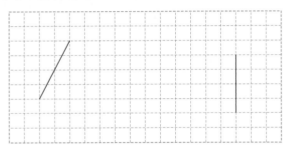

교과서 유형

03 직사각형 모양의 종이띠를 보고 잘못 말한 친구의 이름을 쓰시오.

선을 따라 자르면 모두 사다리꼴이야.

아니야. 평행한 변이 없는 사각형이 있어.

지수   시환

(   )

익힘책 유형

04 •보기•와 같이 점 종이에서 한 꼭짓점만 옮겨서 사다리꼴을 만들어 보시오.

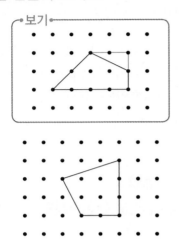

•보기•

05 사각형을 분류한 것입니다. 분류 기준을 쓰시오.

분류 기준	

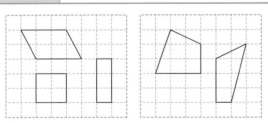

06 다음 사각형이 사다리꼴인 이유를 쓰시오.

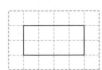

이유 _____

4

사각형

개념5 평행사변형을 알아볼까요

- 평행사변형: 마주 보는 두 쌍의 변이 서로 평행한 사각형
- 평행사변형의 성질
  ① 마주 보는 두 변의 길이가 같습니다.
  ② 마주 보는 두 각의 크기가 같습니다.
  ③ 이웃한 두 각의 크기의 합이 180°입니다.

07 평행사변형입니다. □ 안에 알맞은 수를 써넣으시오.

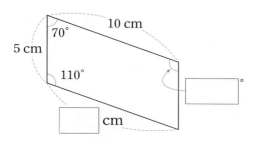

08 평행사변형을 완성하시오.

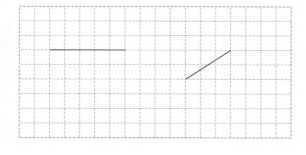

09 칠교판의 7개의 조각 중 평행사변형을 모두 찾아 번호를 쓰시오.

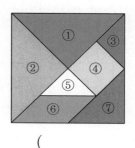

(   )

10 평행사변형입니다. ㉠과 ㉡을 각각 구하시오.

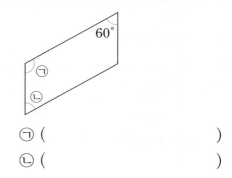

㉠ (   )

㉡ (   )

11 서우는 철사를 사용하여 그림과 같은 평행사변형을 만들려고 합니다. 철사는 적어도 몇 cm 필요합니까?

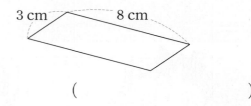

(   )

 • 평행사변형의 성질

 마주 보는 두 변의 길이가 같습니다.

 마주 보는 두 각의 크기가 같습니다.

 이웃한 두 각의 크기의 합이 180°입니다.

1 STEP 개념 파헤치기

개념 동영상

개념6 마름모를 알아볼까요

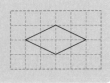
가 | 나 | 다
라 | 마

| 네 변의 길이가 모두 같은 것은 아닙니다. | 가, 다 |
| 네 변의 길이가 모두 같습니다. | 나, 라, 마 |

네 변의 길이가
모두 같은 사각형
⇨ 마름모

네 변의 길이가 모두 같음
클립이 3개씩

플래쉬 학습

• **마름모의 성질**

① 네 변의 길이가 모두 같습니다.

② 마주 보는 두 각의 크기가 같습니다.

③ 이웃한 두 각의 크기의 합이 180°입니다.

④ 마주 보는 꼭짓점끼리 이은 선분이 서로 수직으로 만나고 이등분합니다.

개념 체크

❶ 네 변의 길이가 모두 같은 사각형을 (평행사변형 , 마름모)(이)라고 합니다.

❷ 마름모에서 마주 보는 두 각의 크기가 (같습니다 , 다릅니다).

나도 잡았다!

네 변의 길이가 모두 같은 사각형을 마름모라고 하는데 이것은 마름모 모양이에요.

나도 마름모 모양 물고기를 잡았어용~!

이 모양은 마름모가 아니에요~
뭐라구?

네 변의 길이가 모두 같은 이것이 마름모라구요.
비슷하게 생겨서~ 쩝!!

이제 잡은 물고기들을 문어에게 던져 주고 도망가요!
알았어요. 아저씨~!!

개념 체크 정답 ❶ 마름모에 ○표 ❷ 같습니다에 ○표

익힘책 유형

1-1 사각형을 보고 물음에 답하시오.

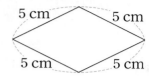

(1) 네 변의 길이가 모두 같습니까?

(   )

(2) 위와 같은 사각형을 무엇이라고 합니까?

(   )

⟨힌트⟩ 네 변의 길이가 모두 같은 사각형을 마름모라고
합니다.

1-2 사각형을 보고 물음에 답하시오.

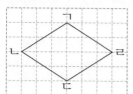

(1) 변 ㄱㄴ과 길이가 같은 변을 모두 찾아
쓰시오.

(   )

(2) 위와 같은 사각형을 무엇이라고 합니까?

(   )

2-1 마름모입니다. ☐ 안에 알맞은 수를 써넣으시
오.

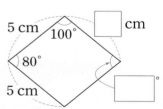

⟨힌트⟩ 마름모는 네 변의 길이가 모두 같고 마주 보는
두 각의 크기가 같습니다.

2-2 마름모입니다. ☐ 안에 알맞은 수를 써넣으시
오.

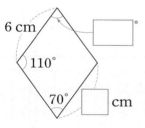

교과서 유형

3-1 마름모입니다. ☐ 안에 알맞은 수를 써넣으시
오.

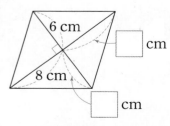

⟨힌트⟩ 마름모에서 마주 보는 꼭짓점끼리 이은 선분은
서로 수직으로 만나고 이등분합니다.

3-2 마름모입니다. ☐ 안에 알맞은 수를 써넣으시
오.

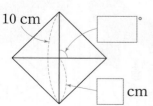

1 STEP 개념 파헤치기

개념 동영상

개념7 여러 가지 사각형을 알아볼까요

- **직사각형과 정사각형의 성질**

직사각형	정사각형
• 마주 보는 변의 길이가 같음	• 네 변의 길이가 모두 같음
• 네 각이 모두 직각	• 네 각이 모두 직각

정사각형은 직사각형이라고 할 수 있습니다.

나는 정사각형! 하지만 직사각형, 사다리꼴 등으로도 부를 수 있어.

- **여러 가지 사각형**

플래쉬 학습

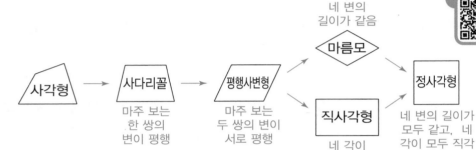

사각형 → 사다리꼴 → 평행사변형 → 마름모 / 직사각형 → 정사각형

네 변의 길이가 같음 · 마름모

사다리꼴 — 마주 보는 한 쌍의 변이 평행

평행사변형 — 마주 보는 두 쌍의 변이 서로 평행

직사각형 — 네 각이 모두 직각

정사각형 — 네 변의 길이가 모두 같고, 네 각이 모두 직각

개념 체크

❶ 정사각형은 직사각형입니다. ············ (○ , ×)

❷ 평행사변형은 사다리꼴입니다. ········· (○ , ×)

❸ 직사각형은 마름모입니다. ··············· (○ , ×)

잡은 물고기들을 붙여 놓으니 직사각형 모양이 됐어.

가, 나, 다, 라, 마는 사다리꼴이에요.

평행사변형 모양은 나, 라, 마이고

드디어 문어가 물고기를 먹기 시작했어~

어서 우리는 엄지섬으로 떠나자!!

휴~ 살았다!

개념 체크 정답 ❶ ○에 ○표 ❷ ○에 ○표 ❸ ×에 ○표

교과서 유형

1-1 직사각형입니다. 물음에 답하시오.

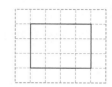

(1) 길이가 같은 변끼리 같은 색으로 칠하시오.

(2) 직사각형의 성질을 알아보시오.

> 직사각형은 마주 보는 변의 길이가
> (같습니다 , 다릅니다).

힌트 직사각형은 네 각이 모두 직각인 사각형입니다.

1-2 직사각형입니다. 물음에 답하시오.

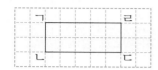

(1) 각 ㄱㄴㄷ과 크기가 같은 각을 모두 찾아 ○표 하시오.

(2) 직사각형의 성질을 알아보시오.

> 직사각형은 네 각이 모두
> (예각 , 직각)입니다.

교과서 유형

2-1 정사각형입니다. 물음에 답하시오.

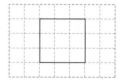

(1) 길이가 같은 변끼리 같은 색으로 칠하시오.

(2) 정사각형의 성질을 알아보시오.

> 정사각형은 네 변의 길이가 모두
> (같습니다 , 다릅니다).

힌트 정사각형은 네 변의 길이가 모두 같고, 네 각의 크기가 모두 같습니다.

2-2 정사각형입니다. 물음에 답하시오.

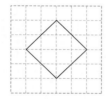

(1) 크기가 같은 각끼리 같은 색으로 ○표 하시오.

(2) 정사각형의 성질을 알아보시오.

> 정사각형은 네 각이 모두
> (예각 , 직각 , 둔각)입니다.

3-1 오른쪽 사각형의 이름이 될 수 있는 것에 모두 ◯표 하시오.

> 사다리꼴　　　평행사변형
> 마름모　　　직사각형

힌트 네 각이 모두 직각이므로 직사각형입니다.

3-2 오른쪽 사각형의 이름이 될 수 있는 것에 모두 ◯표 하시오.

> 사다리꼴　　　평행사변형
> 마름모　　　직사각형

2 STEP 개념 확인하기

개념6 마름모를 알아볼까요

• 마름모: 네 변의 길이가 모두 같은 사각형

• 마름모의 성질

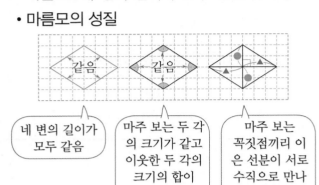

네 변의 길이가 모두 같음

마주 보는 두 각의 크기가 같고 이웃한 두 각의 크기의 합이 180°임

마주 보는 꼭짓점끼리 이은 선분이 서로 수직으로 만나고 이등분함

01 마름모를 모두 찾아 기호를 쓰시오.

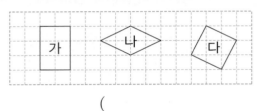

( )

[02~03] 마름모입니다. □ 안에 알맞은 수를 써넣으시오.

02
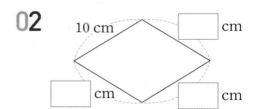

03
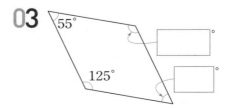

04 점 종이에서 한 꼭짓점만 옮겨서 마름모를 만들어 보시오.

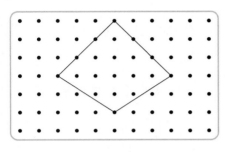

05 마름모입니다. 네 변의 길이의 합은 몇 cm입니까?

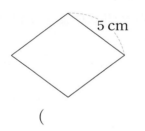

( )

06 마름모 ㄱㄴㄷㄹ을 보고 물음에 답하시오.

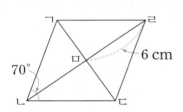

(1) 각 ㄴㄷㄹ의 크기를 구하시오.
( )

(2) 각 ㄱㅁㄹ의 크기를 구하시오.
( )

(3) 변 ㄴㄹ의 길이를 구하시오.
( )

개념7 여러 가지 사각형을 알아볼까요

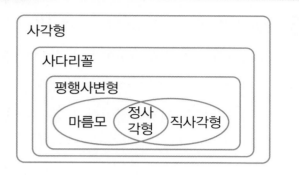

사각형
사다리꼴
평행사변형
마름모 정사각형 직사각형

익힘책 유형

07 사각형을 보고 물음에 답하시오.

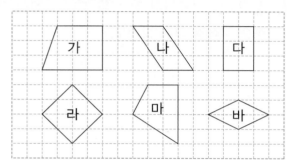

가 나 다
라 마 바

(1) 사다리꼴을 모두 찾아 기호를 쓰시오.

(   )

(2) 평행사변형을 모두 찾아 기호를 쓰시오.

(   )

(3) 마름모를 모두 찾아 기호를 쓰시오.

(   )

(4) 직사각형을 모두 찾아 기호를 쓰시오.

(   )

(5) 정사각형을 찾아 기호를 쓰시오.

(   )

08 지후가 설명하는 도형을 그려 보시오.

네 각의 크기가 모두 같은 사각형을 그려 봐.

지후

09 대화를 읽고 밑줄 친 곳에 알맞은 이유를 쓰시오.

정사각형을 직사각형이라 할 수 있어?

네! 네 각이 모두 직각이니까~

그럼 마름모라고도 할 수 있어?

네~!

교과서 유형

10 같은 길이의 막대가 2개씩 있습니다. 이 막대로 만들 수 있는 사각형의 이름을 모두 쓰시오.

이름 _____

_____

- 정사각형이면 직사각형입니다. (◯)
- 직사각형이면 정사각형입니다. (✕)

참고 네 각이 모두 직각이고 네 변의 길이가 모두 같으면 마주 보는 변의 길이도 모두 같으므로 정사각형의 성질을 가지는 사각형은 모두 직사각형의 성질을 가집니다.

01 다음 사각형의 이름을 쓰시오.

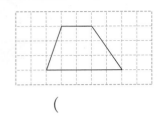

(   )

02 평행선 사이의 거리를 나타내는 선분을 찾아 쓰시오.

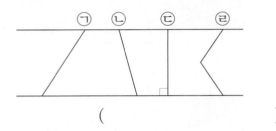

(   )

03 평행사변형입니다. □ 안에 알맞은 수를 써넣으시오.

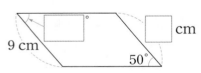

04 서로 수직인 변이 있는 도형을 모두 찾아 기호를 쓰시오.

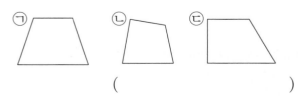

(   )

05 설명이 맞으면 ○표, 틀리면 ×표 하시오.

(1) 직사각형은 정사각형이라고 할 수 있습니다. ·· (   )

(2) 정사각형은 직사각형이라고 할 수 있습니다. ·· (   )

06 삼각자를 사용하여 점 ㄱ을 지나고 직선 가와 평행한 직선을 그어 보시오.

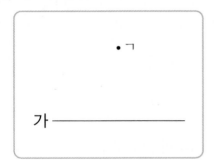

07 직사각형입니다. □ 안에 알맞은 수를 써넣으시오.

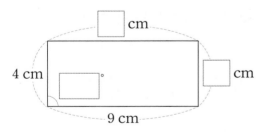

08 모눈종이에 주어진 직선에 대한 수선을 그어 보시오.

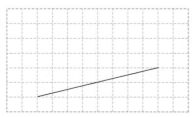

09 평행선 사이의 거리가 2 cm가 되도록 주어진 직선과 평행한 직선을 그어 보시오.

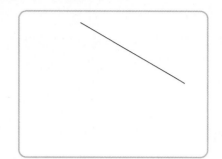

10 평행사변형의 네 변의 길이의 합은 몇 cm입니까?

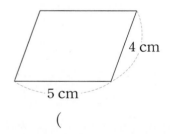

(   )

11 평행선 사이의 거리는 몇 cm입니까?

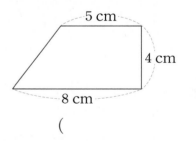

(   )

12 오른쪽 도형에서 찾을 수 있는 평행선은 모두 몇 쌍입니까?

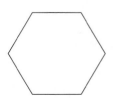

(   )

13 사각형 ㄱㄴㄷㄹ은 마름모입니다. 각 ㄴㄷㄹ의 크기는 몇 도인지 풀이 과정을 쓰고 답을 구하시오.

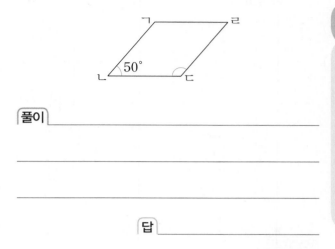

풀이 _____

_____

_____

답 _____

14 평행선이 두 쌍인 사각형을 완성하시오.

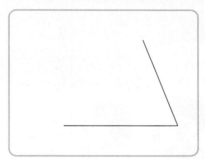

15 길이가 56 cm인 철사로 네 변의 길이의 합이 가장 긴 마름모를 만들었습니다. 이 마름모의 한 변의 길이는 몇 cm입니까?

(   )

정답은 29쪽

16 직사각형 모양의 종이를 사용하여 다음과 같은 방법으로 사각형을 만들었습니다. 만든 사각형의 이름을 두 가지로 쓰시오.

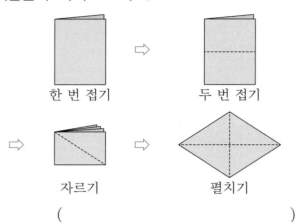

한 번 접기 ⇨ 두 번 접기

⇨ 자르기 ⇨ 펼치기

(   )

유사 문제

17 칠판에 그린 사다리꼴과 평행사변형의 공통점을 바르게 말한 학생을 찾아 이름을 쓰시오.

이웃한 두 각의 크기의 합이 180°야.

마주 보는 두 쌍의 변이 서로 평행해.

마주 보는 한 쌍의 변이 평행해.

선호   유리   지아

(   )

18 수선이 있는 글자는 모두 몇 개입니까? (단, 글자의 두께는 무시합니다.)

| ㄱ ㄷ ㅅ ㅇ ㅍ |

(   )

19 다음을 ⑵ 모두 만족하는 사각형의 이름을 쓰시오.

⑴
• 마주 보는 두 쌍의 변이 서로 평행합니다.
• 네 변의 길이가 모두 같습니다.
• 네 각의 크기가 모두 같습니다.

(   )

해결의 법칙

⑴ 각각의 성질을 만족하는 사각형을 알아봅니다.

⑵ ⑴의 세 성질을 모두 만족하는 공통된 사각형의 이름을 알아봅니다.

20 직사각형 모양의 종이띠를 선을 따라 잘랐습니다. ⑴ 잘라 낸 도형 중 사다리꼴은 / ⑵ 평행사변형보다 / ⑶ 몇 개 더 많습니까?

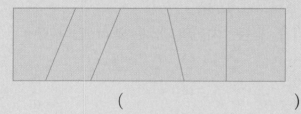

(   )

해결의 법칙

⑴ 잘라 낸 도형 중 사다리꼴을 찾아 세어 봅니다.

⑵ 잘라 낸 도형 중 평행사변형을 찾아 세어 봅니다.

⑶ ⑴과 ⑵의 차를 구합니다.

정답은 29~30쪽

1 각각의 막대로 사각형을 만들고 사각형의 이름을 써 보시오.

(1) 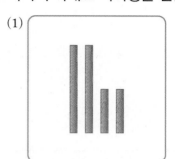 ⇨

이름 _____

_____

(2) 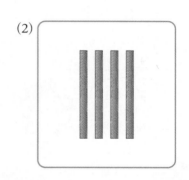 ⇨

이름 _____

_____

4

사각형

2 칠교판 조각으로 여러 가지 사각형을 만들고 몇 조각으로 만들었는지 쓰시오.

〈칠교판 조각〉

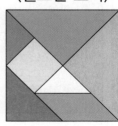

〈사다리꼴〉	〈마름모〉
☐ 조각	☐ 조각

꺾은선그래프

제5화 주조판을 손에 넣은 사또와 대감!

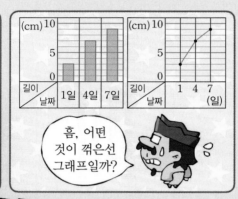

이미 배운 내용	이번에 배울 내용	앞으로 배울 내용
[3-2 자료의 정리] • 그림그래프 알아보기 • 그림그래프 그리기 [4-1 막대그래프] • 막대그래프 알아보기 • 막대그래프 그리기	• 꺾은선그래프 알아보기 • 꺾은선그래프의 내용 알아보기 • 꺾은선그래프 그리기 • 자료를 조사하여 꺾은선그래프로 그리기	[5-2 평균과 가능성] • 자료와 표현 [6-1 여러 가지 그래프] • 비율그래프 알아보기 • 비율그래프 그리기

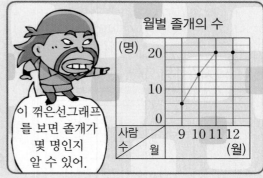

1 STEP 개념 파헤치기

개념 동영상

개념1 꺾은선그래프를 알아볼까요

서라의 키

나이(세)	5	7	9	11
키(cm)	90	120	130	150

(가) 서라의 키

(나) 서라의 키

키는 계속 자라므로 (가)보다는 (나)로 나타내는 것이 좋습니다.

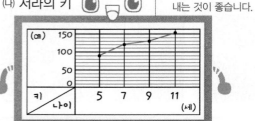

서라의 키를 막대로 나타냈습니다.

서라의 키를 선으로 나타냈습니다.

수량을 점으로 표시하고, 그 점들을 선분으로 이어 그린 그래프를 꺾은선그래프라고 합니다.

1 막대그래프 (가)와 꺾은선그래프 (나)의 가로는 (나이 , 키)를, 세로는 (나이 , 키)를 나타냅니다.

2 막대그래프 (가)는 (막대 , 선)(으)로, 꺾은선그래프 (나)는 점들을 (막대 , 선)(으)로 이어 그렸습니다.

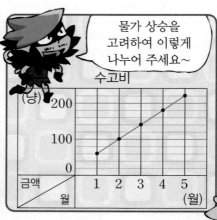

개념 체크 정답 **1** 나이에 ◯표, 키에 ◯표 **2** 막대에 ◯표, 선에 ◯표

[1-1~3-2] 지수가 강낭콩 줄기의 길이를 조사하여 나타낸 그래프 ㉮와 ㉯입니다. 물음에 답하시오.

㉮ 강낭콩 줄기의 길이
(오후 6시에 측정)

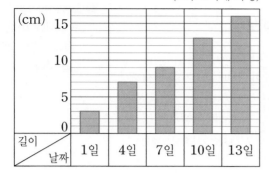

㉯ 강낭콩 줄기의 길이
(오후 6시에 측정)

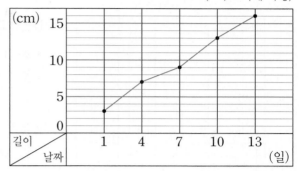

1-1 ㉮와 같은 그래프를 무슨 그래프라고 합니까?

(   )

힌트 조사한 자료를 막대 모양으로 나타낸 그래프입니다.

1-2 ㉯와 같은 그래프를 무슨 그래프라고 합니까?

(   )

익힘책 유형

2-1 ㉮ 그래프의 가로와 세로는 각각 무엇을 나타냅니까?

가로 (   )
세로 (   )

힌트 그래프의 가로 방향과 세로 방향을 각각 살펴봅니다.

2-2 ㉯ 그래프의 가로와 세로는 각각 무엇을 나타냅니까?

가로 (   )
세로 (   )

3-1 ㉮와 ㉯ 중 날짜별 강낭콩 줄기의 길이를 비교하기 쉬운 그래프는 어느 것입니까?

(   )

힌트 막대그래프는 항목의 크기를 한눈에 쉽게 비교할 수 있습니다.

3-2 ㉮와 ㉯ 중 강낭콩 줄기의 길이의 변화를 알아보기 쉬운 그래프는 어느 것입니까?

(   )

1 STEP 개념 파헤치기

개념2 꺾은선그래프에서 무엇을 알 수 있을까요

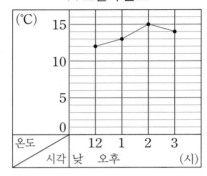

(가) 교실의 온도

● 꺾은선그래프의 내용 알아보기

• 온도가 올라갔다가 내려갔습니다.

• 온도가 가장 많이 변화한 때는 오후 1시와 오후 2시 사이입니다. ── 선이 많이 기울어질수록 변화가 심합니다.

• 오후 1시 30분의 온도는 약 14 ℃일 것입니다. ── 1시와 2시 온도의 중간

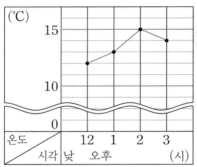

(나) 교실의 온도

● 물결선의 필요성 알아보기

필요 없는 부분은 물결선으로 그리고 물결선 위로 시작할 수를 정해야 해.

• 가장 작은 값이 12이므로 세로 눈금이 물결선 위로 10부터 시작합니다.

• 필요 없는 부분을 줄여서 나타내기 때문에 변화하는 모습이 (가)보다 잘 나타납니다.

개념 체크

❶ 오후 4시의 온도는 오후 3시에 비해 온도가 (올라갈 것 , 내려갈 것) 같습니다.

난 물결선이라 하고 꺾은선그래프에 물결선을 사용하면 더 읽기 편해져.

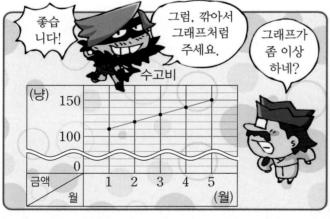

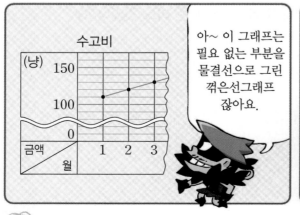

124 수학 4-2

개념 체크 정답 ❶ 내려갈 것에 ○표

1-1 민서가 식물의 싹을 키우면서 일주일 간격으로 싹의 키를 재어 나타낸 꺾은선그래프입니다. 물음에 답하시오.

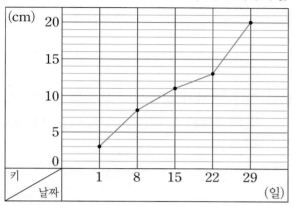

식물의 싹의 키

(오전 10시에 측정)

(1) 세로 눈금 한 칸은 몇 cm를 나타냅니까?

(　　　　　　　　　)

힌트 세로 눈금 5칸이 5 cm를 나타냅니다.

(2) 8일은 1일보다 몇 cm 자랐습니까?

(　　　　　　　　　)

힌트 1일의 식물의 싹의 키는 3 cm, 8일의 식물의 싹의 키는 8 cm입니다.

교과서 유형

(3) 식물의 싹의 키가 가장 많이 자란 때는 며칠과 며칠 사이입니까?

(　　　　　　　　　)

힌트 선이 많이 기울어질수록 변화가 심합니다.

(4) 식물의 싹의 키가 가장 적게 자란 때는 며칠과 며칠 사이입니까?

(　　　　　　　　　)

힌트 선이 적게 기울어질수록 변화가 적습니다.

1-2 양초에 불을 붙이고 10분 간격으로 양초의 길이를 재어 나타낸 꺾은선그래프입니다. 물음에 답하시오.

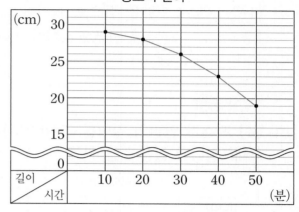

양초의 길이

(1) 세로 눈금 한 칸은 몇 cm를 나타냅니까?

(　　　　　　　　　)

(2) 30분이 지났을 때는 20분이 지났을 때보다 몇 cm 줄었습니까?

(　　　　　　　　　)

(3) 양초가 가장 많이 탄 때는 언제와 언제 사이입니까?

(　　　　　　　　　)

(4) 양초가 가장 적게 탄 때는 언제와 언제 사이입니까?

(　　　　　　　　　)

2 STEP 개념 확인하기

개념1 꺾은선그래프를 알아볼까요

- 꺾은선그래프: 수량을 점으로 표시하고, 그 점들을 선분으로 이어 그린 그래프

익힘책 유형

[01~04] 지수가 연필의 길이를 조사하여 나타낸 그래프입니다. 물음에 답하시오.

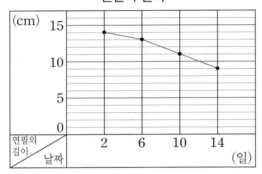

연필의 길이

01 위와 같은 그래프를 무슨 그래프라고 합니까?

( )

02 그래프의 가로와 세로는 각각 무엇을 나타냅니까?

가로 ( )

세로 ( )

03 세로 눈금 한 칸은 몇 cm를 나타냅니까?

( )

04 왼쪽 꺾은선은 무엇을 나타냅니까?

( )

[05~06] 민서가 운동장의 온도를 조사하여 나타낸 막대그래프와 꺾은선그래프입니다. 물음에 답하시오.

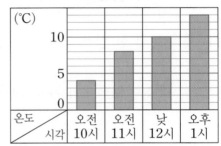

㉮ 운동장의 온도

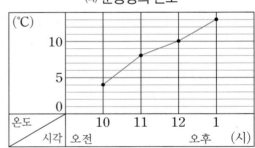

㉯ 운동장의 온도

05 두 그래프의 같은 점을 쓰시오.

같은 점

교과서 유형

06 두 그래프의 다른 점을 쓰시오.

다른 점

개념2 꺾은선그래프에서 무엇을 알 수 있을까요

• 꺾은선그래프를 통해 자료의 변화 정도와 앞으로 변화될 모습 등을 알 수 있습니다.

[07~08] 수민이의 몸무게를 조사하여 나타낸 꺾은선그래프입니다. 물음에 답하시오.

㉮ 수민이의 몸무게
(매월 1일에 측정)

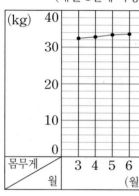

㉯ 수민이의 몸무게
(매월 1일에 측정)

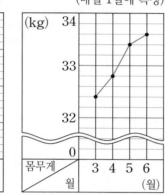

07 □ 안에 알맞게 써넣으시오.

(1) ㉮와 ㉯ 중 더 읽기 편한 그래프는 □입니다.

(2) 몸무게의 변화가 가장 심한 때는 □월과 □월 사이입니다.

(3) 몸무게의 변화가 가장 적은 때는 □월과 □월 사이입니다.

08 ㉯ 그래프를 보고 잘못 설명한 학생의 이름을 쓰시오.

(   )

익힘책 유형

09 어느 지역의 기온이 영하로 내려간 날수를 월별로 나타낸 꺾은선그래프입니다. 2월의 영하로 내려간 날수는 며칠이었을 것이라고 예상합니까? 그 이유를 쓰시오.

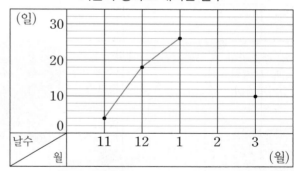

답 _____

이유 _____

_____

 해결의 창 • 꺾은선그래프에서 선이 많이 기울어질수록 변화가 심합니다.

➡ 변화가 심함

➡ 변화가 적음

➡ 변화 없음

1 STEP 개념 파헤치기

개념3 꺾은선그래프를 어떻게 그릴까요

개념 동영상

- **꺾은선그래프를 그리는 방법**

① 가로와 세로 중 어느 쪽에 조사한 수를 나타낼 것인가를 정합니다.

② 눈금 한 칸의 크기를 정하고, 조사한 수 중에서 가장 큰 수를 나타낼 수 있도록 눈금의 수를 정합니다.

③ 가로 눈금과 세로 눈금이 만나는 자리에 점을 찍습니다.

④ 점들을 선분으로 잇습니다.

⑤ 꺾은선그래프에 알맞은 제목을 붙입니다.

물결선은 세로 눈금의 수가 생략된다는 뜻이야.

⑤ 알맞은 제목 붙이기 → 희수의 키

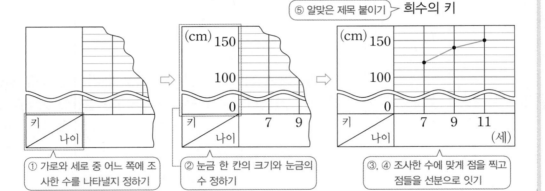

① 가로와 세로 중 어느 쪽에 조사한 수를 나타낼지 정하기

② 눈금 한 칸의 크기와 눈금의 수 정하기

③, ④ 조사한 수에 맞게 점을 찍고 점들을 선분으로 잇기

❶ 꺾은선그래프를 그릴 때에는 조사한 수 중 가장 (큰, 작은) 수를 나타낼 수 있도록 눈금의 수를 정합니다.

❷ 꺾은선그래프를 그릴 때에는 조사한 수를 점으로 찍고 점들을 (곡선, 선분)으로 잇습니다.

개 념 체 크 정답 ❶ 큰에 ○표 ❷ 선분에 ○표

1-1 바다의 수온을 조사하여 나타낸 표입니다. 물음에 답하시오.

바다의 수온

시각	오전 10시	오전 11시	낮 12시	오후 1시
수온(℃)	4	5	8	10

바다의 수온

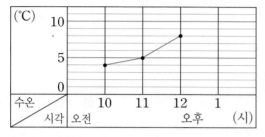

(1) 오후 1시의 수온을 그래프에 점을 찍어 나타내시오.

(2) 꺾은선그래프를 완성하시오.

힌트 가로 눈금과 세로 눈금이 만나는 자리에 시각별 수온을 점을 찍고 선분으로 이어 나타냅니다.

1-2 민서가 토마토 싹의 키를 조사하여 나타낸 표입니다. 물음에 답하시오.

토마토 싹의 키 (오후 1시에 측정)

날짜(일)	1	8	15	22	29
키(cm)	1	3	5	8	11

토마토 싹의 키 (오후 1시에 측정)

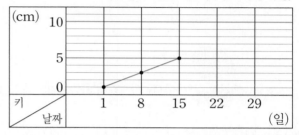

(1) 22일과 29일의 토마토 싹의 키를 그래프에 점을 찍어 나타내시오.

(2) 꺾은선그래프를 완성하시오.

익힘책 유형

2-1 지후의 체온을 재어 나타낸 표입니다. 꺾은선그래프를 완성하시오.

지후의 체온

시각	오전 10시	오전 11시	낮 12시	오후 1시
체온(℃)	36.2	36.5	36.8	37.1

지후의 체온

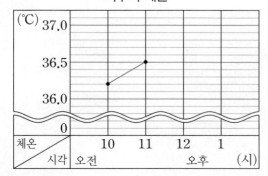

힌트 세로 눈금 5칸이 0.5℃이므로 세로 눈금 1칸은 0.1℃입니다.

2-2 민서의 키를 조사하여 나타낸 표입니다. 꺾은선그래프를 완성하시오.

민서의 키

월	8	9	10	11
키(cm)	130.4	130.8	131.2	132.0

민서의 키

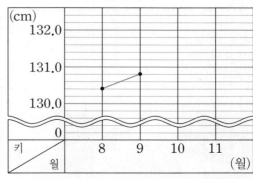

개념4 자료를 조사하여 꺾은선그래프를 그려 볼까요

개념 동영상

• 자료를 조사하여 꺾은선그래프 그리기

준비 단계
• 무엇을 조사할 것인지 정하기
• 조사 항목 정하기
• 조사 방법, 대상, 시기 정하기

자료 수집, 분류, 집계 단계
• 자료 수집하기
• 수집한 자료 정리할 방법 생각하기

표나 그래프로 나타내는 단계
• 조사한 것을 다른 사람에게 알리기 위해 표나 그래프 등의 도표로 나타내어 쉽게 이해하게 하기

개념 체 크

❶ 자료를 조사할 때 먼저 (무엇을, 어디서) 조사할 것인지를 정합니다.

❷ 수집한 자료를 표나 그래프로 나타내면 보는 사람이 쉽게 이해할 수 (있습니다, 없습니다).

개념 체크 정답 ❶ 무엇을에 ○표 ❷ 있습니다에 ○표

익힘책 유형

1-1 어느 지역의 월별 비가 온 날수를 조사하여 나타낸 것입니다. 물음에 답하시오.

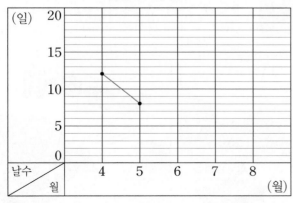

4월	5월	6월
正正丁	正下	正正正丁
7월	8월	
正正正丁	正丁	

(1) 위 자료를 보고 표로 나타내시오.

월별 비 온 날수

월	4	5	6	7	8
날수(일)	12	8			

(2) 위 자료를 보고 꺾은선그래프로 나타내려고 합니다. 꺾은선그래프의 가로와 세로에는 각각 무엇을 나타내면 좋겠습니까?

가로 (   )

세로 (   )

(3) 위 (1)의 표를 보고 꺾은선그래프를 완성하시오.

월별 비 온 날수

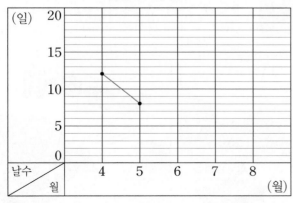

1-2 민서가 10일부터 14일까지 윗몸일으키기를 한 횟수를 달력에 써놓은 것입니다. 물음에 답하시오.

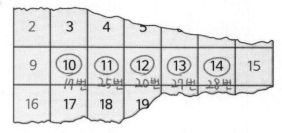

(1) 위 자료를 보고 표로 나타내시오.

윗몸일으키기 횟수

날짜(일)	10	11	12	13	14
횟수(번)	17	25			

(2) 위 자료를 보고 꺾은선그래프로 나타내려고 합니다. 꺾은선그래프의 가로와 세로에는 각각 무엇을 나타내면 좋겠습니까?

가로 (   )

세로 (   )

(3) 위 (1)의 표를 보고 꺾은선그래프를 완성하시오.

윗몸일으키기 횟수

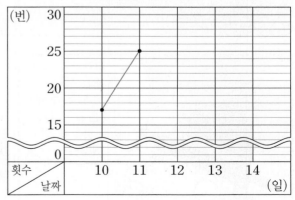

힌트 그래프의 가로와 세로에 무엇을 나타낼 것인지 정하고 표로 정리한 자료를 이용하여 그래프를 완성합니다.

5

꺾은선그래프

1 STEP 개념 파헤치기

개념5 꺾은선그래프는 어디에 쓰일까요

우리 주변에서 수집한 자료로 나타낸 꺾은선그래프를 비교하여 여러 가지 내용을 알아봅니다.

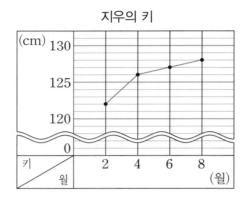

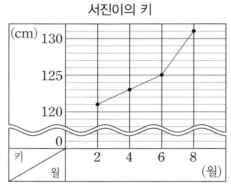

- 처음에 더 빠르게 자란 사람은 지우입니다.

- 시간이 지나면서 더 빠르게 자란 사람은 서진입니다.

- 조사한 기간 동안 더 많이 자란 사람은 서진입니다.

- 2월에는 지우의 키가 더 컸으나 8월에는 서진이의 키가 더 큽니다.

개념 체 크

❶ 조사한 기간 동안 지우는 6 cm가, 서진이는 ☐ cm가 자랐습니다.

❷ 조사한 기간 동안 더 많이 자란 사람은 (지우, 서진)입니다.

해 뜨는 시각 / 해 지는 시각

개념체크정답 ❶ 10 ❷ 서진에 ○표

[1-1~3-2] 어느 지역의 남녀 초등학생 수를 조사하여 나타낸 꺾은선그래프입니다. 물음에 답하시오.

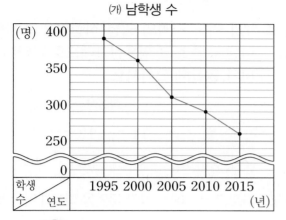

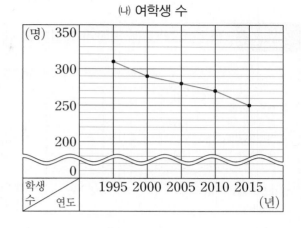

교과서 **유형**

1-1 조사 기간 동안 남학생 수의 변화를 알아보시오.

　　　　명에서　　　　명으로 줄었습니다.

힌트 세로 눈금 5칸이 50명이므로 세로 눈금 1칸은 10명을 나타냅니다.

1-2 조사 기간 동안 여학생 수의 변화를 알아보시오.

　　　　명에서　　　　명으로 줄었습니다.

2-1 조사 기간 중 학생 수의 변화가 더 심한 것은 남학생과 여학생 중 무엇입니까?

(　　　　　　　　　　)

힌트 선이 더 많이 기울어질수록 변화가 심합니다.

2-2 조사 기간 중 학생 수의 변화가 더 적은 것은 남학생과 여학생 중 무엇입니까?

(　　　　　　　　　　)

3-1 남학생 수는 앞으로 어떻게 변할 것 같습니까?

남학생 수는 점점

(늘어날 것입니다, 줄어들 것입니다).

힌트 선이 올라가는지, 내려가는지 예상해 봅니다.

3-2 여학생 수는 앞으로 어떻게 변할 것 같습니까?

여학생 수는 점점

(늘어날 것입니다, 줄어들 것입니다).

2 STEP 개념 확인하기

| 개념3 | 꺾은선그래프를 어떻게 그릴까요 |

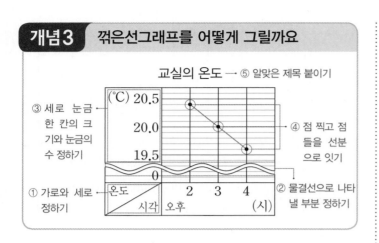

[01~03] 주아가 매일 산책한 시간을 조사하여 나타낸 표를 보고 꺾은선그래프로 나타내려고 합니다. 물음에 답하시오.

산책한 시간

요일	월	화	수	목	금
시간(시간)	0.5	0.4	1.0	1.0	1.2

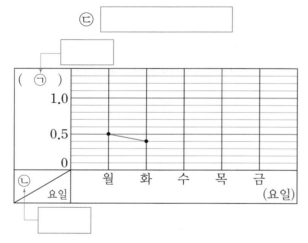

01 가로에 요일을 쓴다면 세로에는 무엇을 나타내어야 합니까?

( )

02 ㉠, ㉡, ㉢에 알맞게 써넣으시오.

03 꺾은선그래프를 완성하시오.

[04~07] 어느 지역의 월별 적설량을 조사하여 나타낸 표를 보고 꺾은선그래프로 나타내려고 합니다. 물음에 답하시오.

적설량

월	11	12	1	2
적설량(mm)	34	38	40	24

04 가로와 세로에는 각각 무엇을 나타내어야 합니까?

가로 ( )

세로 ( )

05 물결선을 넣는다면 세로 눈금 한 칸은 몇 mm로 나타내어야 합니까?

( )

06 물결선을 몇 mm와 몇 mm 사이에 넣으면 좋겠습니까?

( )

07 제목을 쓰고 꺾은선그래프로 나타내시오.

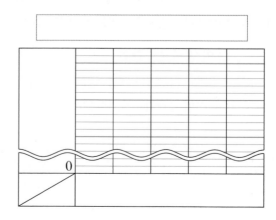

개념4 자료를 조사하여 꺾은선그래프를 그려볼까요

자료를 수집하여 그래프로 나타낼 때,
자료의 양을 비교할 때는 막대그래프로,
자료의 변화 정도를 알아볼 때는 꺾은선그래프로 나타내는 것이 좋습니다.

08 꺾은선그래프로 나타내기에 좋은 것에 모두 ○표 하시오.

• 월별 방울토마토의 키   (   )
• 비 오는 날 시간별 강수량   (   )
• 나라별 올림픽 금메달의 수   (   )

교과서 유형

09 민서의 100 m 달리기 기록을 나타낸 표입니다. 표를 보고 꺾은선그래프로 나타내고, 꺾은선그래프를 보고 알 수 있는 내용을 한 가지 쓰시오.

100 m 달리기 기록

요일	월	화	수	목
시간(초)	24	26	22	21

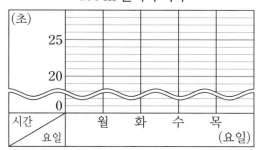

100 m 달리기 기록

내용

개념5 꺾은선그래프는 어디에 쓰일까요

꺾은선그래프에서 세로 눈금, 선의 기울어진 정도, 선이 오른쪽으로 올라가는지, 내려가는지 등을 살펴 여러 가지 내용을 알 수 있습니다.

익힘책 유형

[10~11] 동욱이가 두 식물을 키우면서 키의 변화를 조사하여 나타낸 꺾은선그래프입니다. 물음에 답하시오.

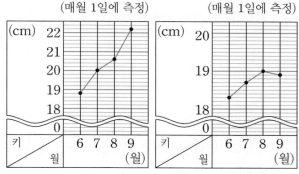

(가) 식물의 키
(매월 1일에 측정)

(나) 식물의 키
(매월 1일에 측정)

10 두 식물의 키의 변화를 설명하시오.

(가) 식물의 키는 18.8 cm에서 ☐ cm로 자랐고, (나) 식물은 ☐ 월부터 시들기 시작합니다.

11 한 달 후인 10월 1일에 식물의 키가 자랐을 것 같은 식물은 어느 식물입니까?

(   )

 • 꺾은선그래프를 그리는 방법
① 가로와 세로 중 어느 쪽에 조사한 수를 나타낼 것인가를 정합니다.
➡ ② 눈금 한 칸의 크기를 정하고, 조사한 수 중에서 가장 큰 수를 나타낼 수 있도록 눈금의 수를 정합니다.
➡ ③ 가로 눈금과 세로 눈금이 만나는 자리에 점을 찍고 점들을 선분으로 잇습니다. ➡ ④ 알맞은 제목을 붙입니다.

5 꺾은선그래프

[01~05] 현경이네 거실의 온도를 조사하여 나타낸 그래프입니다. 물음에 답하시오.

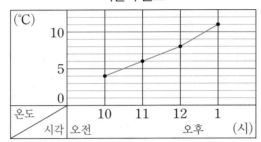

거실의 온도

01 위와 같은 그래프를 무슨 그래프라고 합니까?

( )

02 가로와 세로는 각각 무엇을 나타내는지 차례로 쓰시오.

( ), ( )

03 세로 눈금 한 칸은 몇 ℃입니까?

( )

04 오전 11시의 거실의 온도는 몇 ℃입니까?

( )

05 알맞은 말에 ○표 하시오.

시간이 지날수록 거실의 온도는
(올라갔습니다, 내려갔습니다).

06 막대그래프로 나타내면 좋은 것에 '막', 꺾은선그래프로 나타내면 좋은 것에 '꺾'이라 쓰시오.

(1) 민서네 학교 4학년 반별 학생 수 ( )

(2) 나이별 나의 몸무게 ( )

[07~08] 지민이가 잠을 자는 시간을 조사하여 나타낸 꺾은선그래프입니다. 물음에 답하시오.

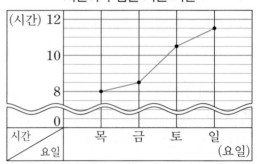

지민이가 잠을 자는 시간

07 그래프를 보고 바르게 말한 사람의 이름을 쓰시오.

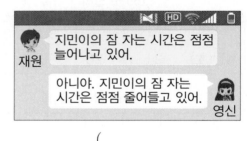

재원: 지민이의 잠 자는 시간은 점점 늘어나고 있어.

영신: 아니야. 지민이의 잠 자는 시간은 점점 줄어들고 있어.

( )

08 □ 안에 알맞은 말을 써넣으시오.

전날에 비해 잔 시간이 가장 많이 늘어난 때는 □요일이야.

지민

[09~12] 어느 날 서울의 하루 기온을 3시간마다 조사하여 나타낸 꺾은선그래프입니다. 물음에 답하시오.

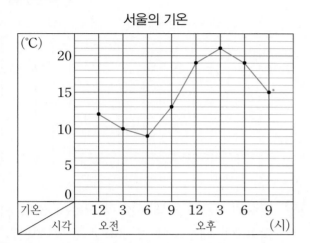

서울의 기온

09 오후 6시의 서울의 기온은 몇 ℃입니까?

( )

10 기온의 변화가 가장 심한 때는 몇 시와 몇 시 사이입니까?

( )

11 하루 중 가장 높은 기온과 가장 낮은 기온의 차를 일교차라고 합니다. 조사한 날의 서울의 일교차는 몇 ℃입니까?

( )

12 오후 10시에 서울의 기온은 어떻게 될 것이라고 예상할 수 있습니까?

예상

[13~15] 어느 해 낮의 길이를 조사하여 나타낸 표입니다. 물음에 답하시오.

┌→ 해가 뜰 때부터 질 때까지

낮의 길이   (매월 1일에 측정)

월	6	7	8	9
낮의 길이(시간)	14.0	14.5	13.5	13.0

13 꺾은선그래프를 완성하시오.

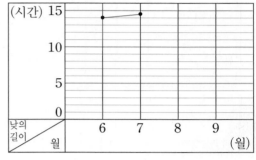

낮의 길이

14 꺾은선그래프를 완성하시오.

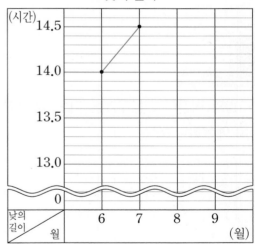

낮의 길이

15 위 **13**과 **14** 그래프 중 더 읽기 편한 것은 어느 것입니까? 그 이유를 쓰시오.

답

이유

5

꺾은선그래프

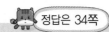
[16~18] 희진이의 몸무게를 조사하여 나타낸 꺾은 선그래프입니다. 물음에 답하시오.

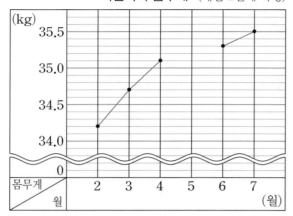

희진이의 몸무게 (매월 1일에 측정)

16 4월은 2월보다 몸무게가 얼마나 늘었습니까?

( )

17 5월의 희진이의 몸무게는 어느 정도였을 것이라 고 예상합니까?

( )

18 위 **17**의 이유를 쓰시오.

이유

[19~20] 연주의 눈의 시력을 조사하여 나타낸 꺾 은선그래프입니다. 물음에 답하시오.

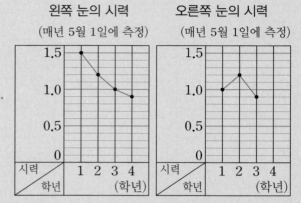

왼쪽 눈의 시력
(매년 5월 1일에 측정)

오른쪽 눈의 시력
(매년 5월 1일에 측정)

19 연주의(1) 왼쪽 눈의 시력과 오른쪽 눈의 시력이 같아지는 때는/(2) 1, 2, 3학년 중 몇 학년일 때입 니까?

( )

해결의 법칙

(1) 학년별로 왼쪽 눈의 시력과 오른쪽 눈의 시력 을 알아봅니다.

(2) 양쪽 눈의 시력이 같은 학년을 찾습니다.

20 (2)연주는 초등학교 4학년입니다. 대화를 보고 연 주의 오른쪽 눈의 시력을 구하시오.

제 오른쪽 눈의 시력은 어떻게 돼요?

(1) 오른쪽 눈의 시력이 왼쪽 눈의 시력보다 0.1 좋구나.

( )

해결의 법칙

(1) (오른쪽 눈의 시력)=(왼쪽 눈의 시력)+0.1

(2) 연주의 4학년 때 왼쪽 눈의 시력을 찾아, 오른 쪽 눈의 시력을 구합니다.

[❶~❷] 어느 해 12월의 미국 달러를 우리나라 돈으로 교환할 때의 가격을 나타낸 꺾은선그래프입니다. 물음에 답하시오.

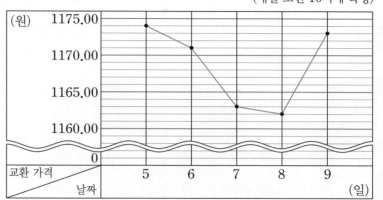

미국 달러를 우리나라 돈으로 교환할 때의 가격

(매일 오전 10시에 측정)

12월 5일 오전 10시에는 미국 1달러를 우리나라 돈 1174원으로 교환할 수 있어.

❶ 위 그래프를 보고 <u>잘못</u> 설명한 학생의 이름을 쓰시오.

준서
물결선이 있고 물결선 위로 1159원부터 시작해.

도희
세로 눈금 한 칸은 0.1원을 나타내고 있어.

예진
12월 5일부터 8일까지 교환 가격은 계속 떨어졌어.

동욱
그래프의 변화가 가장 심한 때는 12월 8일과 9일 사이야.

(   )

❷ 위 ❶에서 찾은 학생이 쓴 문장을 바르게 고쳐 보시오.

바르게 고치기

6 다각형

제6화 주조판을 차지할 최후의 승자는 누구?

이미 배운 내용	이번에 배울 내용	앞으로 배울 내용
[4-2 삼각형] • 이등변삼각형, 정삼각형 알아보기 • 예각삼각형, 둔각삼각형 알아보기 [4-2 사각형] • 여러 가지 사각형 알아보기	• 다각형 알아보기 • 정다각형 알아보기 • 대각선 알아보기 • 모양 만들기, 모양 채우기	[5-2 직육면체] • 직육면체, 정육면체 알아보기 [6-1 각기둥과 각뿔] • 각기둥과 각뿔 알아보기

개념 동영상

개념1 다각형을 알아볼까요

• 다각형 알아보기

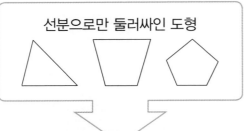
선분으로만 둘러싸인 도형

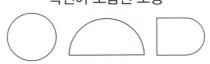
곡선이 포함된 도형

- 선분으로만 둘러싸인 도형을 **다각형**이라고 합니다.
- 다각형은 변의 수에 따라 변이 6개이면 **육각형**, 변이 7개이면 **칠각형**, 변이 8개이면 **팔각형**이라고 부릅니다.

난 곡선이 있어서 다각형이 아니야.

난 선분으로 둘러싸이지 않고 열려 있어서 다각형이 아니야.

난 다각형이고 변이 5개니까 오각형이야. 다각형은 변의 수와 꼭짓점의 수가 같아.

개념 체 크

❶ 선분으로만 둘러싸인 도형을 [   ] (이)라고 합니다.

❷ 다각형의 변이 6개이면 [   ], 변이 7개이면 [   ], 변이 8개이면 [   ] (이)라고 부릅니다.

개 념 체 크 정 답 ❶ 다각형 ❷ 육각형, 칠각형, 팔각형

1-1 다각형은 ○표, 다각형이 <u>아닌</u> 것은 ×표 하시오.

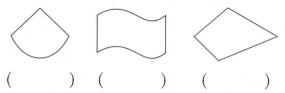

(   )   (   )   (   )

힌트 선분으로만 둘러싸인 도형을 다각형이라고 합니다.

1-2 다각형을 찾아 기호를 쓰시오.

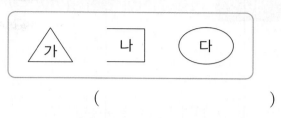

(   )

2-1 다각형을 보고 □ 안에 알맞은 수나 말을 써넣으시오.

   변이 □개인 다각형이므로

□□□(이)라고 부릅니다.

힌트 다각형은 변의 수에 따라 이름을 부릅니다.

2-2 다각형의 이름을 쓰시오.

(   )

익힘책 유형

3-1 칠각형을 찾아 ○표 하시오.

(   )   (   )   (   )

힌트 변이 7개인 다각형을 찾아봅니다.

3-2 팔각형을 모두 찾아 ○표 하시오.

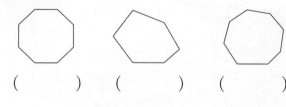

(   )   (   )   (   )

교과서 유형

4-1 점 종이에 육각형을 그려 보시오.

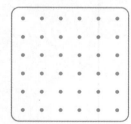

힌트 꼭짓점이 될 6개의 점을 선택하여 이어 봅니다.

4-2 점 종이에 칠각형을 그려 보시오.

6

다각형

개념2 변의 길이와 각의 크기가 모두 같은 다각형을 알아볼까요

개념 동영상

| 가 | 나 | 다 | 라 | 마 | 바 |

변의 길이가 모두 같습니다	변의 길이가 모두 같지는 않습니다
가, 다, 마, 바	나, 라

각의 크기가 모두 같습니다	각의 크기가 모두 같지는 않습니다
나, 다, 마, 바	가, 라

➡ 변의 길이와 각의 크기가 모두 같은 다각형: 다, 마, 바

변의 길이가 모두 같고, 각의 크기가 모두 같은 다각형을 정다각형이라고 합니다.

정삼각형　　정사각형　　정오각형　　정육각형

개념 체크

❶ 변의 길이가 모두 같고, 각의 크기가 모두 같은 다각형을

☐ (이)라고 합니다.

❷

위의 다각형은 변이 5개인 정다각형이므로

☐ 입니다.

이봐, 뱃사공! 어서 저놈들을 따라잡아 줘.

그 정도로 빨리 가려면 비용이 꽤 많이 듭니다.

이번에는 얼마를 줘야 하는데?

이 중 바닥이 정다각형 모양인 상자에 금을 가득 채워주시면 됩니다.

변의 길이가 모두 같고, 각의 크기가 모두 같은 다각형을 찾아봐.

이 세 번째 상자입니다!

옛다! 가득 채웠으니 빨리 출발해.

미리 방귀를 뀌고 도망갔지롱~

으악! 얼마나 지독한 방귀길래!

개념 체크 정답 ❶ 정다각형 ❷ 정오각형

1-1 정다각형은 ○표, 정다각형이 <u>아닌</u> 것은 ×표 하시오.

(   ) (   ) (   )

힌트 변의 길이가 모두 같고, 각의 크기가 모두 같은 다각형을 정다각형이라고 합니다.

1-2 정다각형을 찾아 기호를 쓰시오.

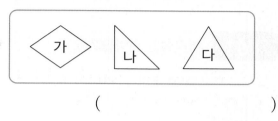

(   )

2-1 정다각형을 보고 □ 안에 알맞은 수나 말을 써 넣으시오.

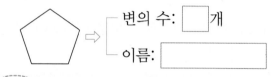

⇒ 변의 수: □ 개

이름: [　　　　　]

힌트 정다각형은 변의 수에 따라 이름을 부릅니다.

2-2 정다각형의 이름을 쓰시오.

(   )

익힘책 유형

3-1 주어진 종이에 정육각형을 그려 보시오.

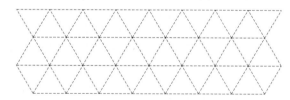

힌트 변의 길이가 모두 같고, 각의 크기가 모두 같은 육각형을 그려 봅니다.

3-2 주어진 종이에 크기가 다른 정삼각형을 2개 그려 보시오.

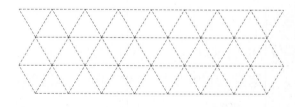

4-1 정다각형입니다. □ 안에 알맞은 수를 써넣으시오.

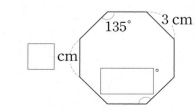

힌트 정다각형은 변의 길이가 모두 같고, 각의 크기가 모두 같습니다.

4-2 정다각형입니다. □ 안에 알맞은 수를 써넣으시오.

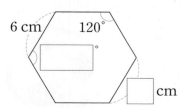

개념1 다각형을 알아볼까요

다각형: 선분으로만 둘러싸인 도형

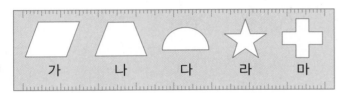

다각형	⬡	⬡	⬡
변의 수	6개	7개	8개
꼭짓점의 수	6개	7개	8개
이름	육각형	칠각형	팔각형

[01~02] 모양자를 보고 물음에 답하시오.

교과서 유형

01 모양자에서 다각형이 아닌 것을 찾아 기호를 쓰시오.

( )

02 위 01에서 찾은 도형이 다각형이 아닌 이유를 설명한 것입니다. □ 안에 알맞은 말을 써넣으시오.

다각형은 □ (으)로만 둘러싸인 도형인데 곡선도 있기 때문에 다각형이 아니에요.

03 축구공에 표시한 다각형의 이름을 쓰시오.

( )

04 도형판에 어떤 다각형을 만들었는지 쓰시오.

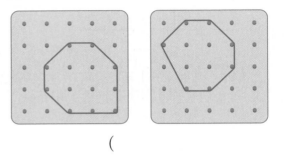

( )

05 점 종이에 그려진 선분을 이용하여 다각형을 각각 완성해 보시오.

오각형   팔각형

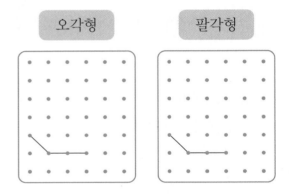

익힘책 유형

06 비 오는 날에 창밖을 내려다본 풍경입니다. 육각형 모양의 우산은 빨간색, 칠각형 모양의 우산은 노란색, 팔각형 모양의 우산은 초록색으로 색칠하시오.

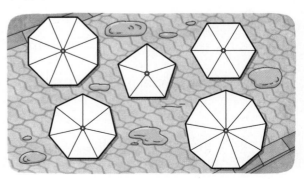

개념2 변의 길이와 각의 크기가 모두 같은 다각형을 알아볼까요

정다각형: 변의 길이가 모두 같고, 각의 크기가 모두 같은 다각형

정다각형	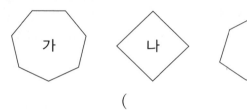		
변의 수	6개	7개	8개
이름	정육각형	정칠각형	정팔각형

교과서 유형

07 정다각형을 모두 찾아 기호를 쓰시오.

가   나   다

(   )

08 대화를 보고 □ 안에 알맞은 말을 써넣으시오.

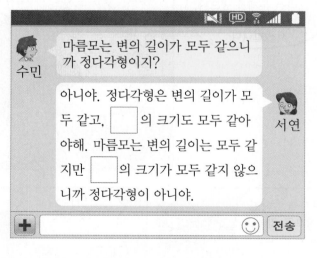

수민: 마름모는 변의 길이가 모두 같으니까 정다각형이지?

서연: 아니야. 정다각형은 변의 길이가 모두 같고, □의 크기도 모두 같아야 해. 마름모는 변의 길이는 모두 같지만 □의 크기가 모두 같지 않으니까 정다각형이 아니야.

09 정다각형입니다. □ 안에 알맞은 수를 써넣으시오.

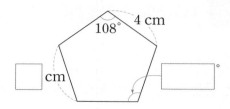

익힘책 유형

10 주어진 종이에 크기가 다른 정육각형을 2개 그려 보시오.

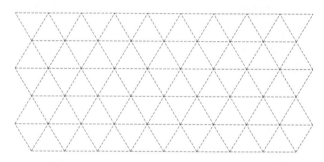

11 다음 정다각형의 모든 변의 길이의 합은 몇 cm입니까?

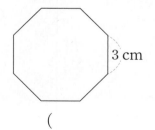

(   )

 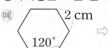 정다각형은 모든 변의 길이와 모든 각의 크기가 같다는 것을 이용하면 여러 가지 문제를 해결할 수 있습니다.

예

⇨ (정육각형의 모든 변의 길이의 합)=(한 변의 길이)×(변의 수)=2×6=12 (cm)

(정육각형의 모든 각의 크기의 합)=(한 각의 크기)×(각의 수)=120°×6=720°

6

다각형

개념3 대각선을 알아볼까요

다각형에서 선분 ㄱㄷ, 선분 ㄴㄹ과 같이 서로 이웃하지 않는 두 꼭짓점을 이은 선분을 대각선이라고 합니다.

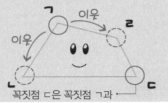

꼭짓점 ㄷ은 꼭짓점 ㄱ과 이웃하지 않습니다.

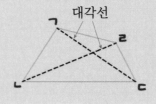

대각선

● 다각형에서 대각선의 수

다각형	대각선의 수
삼각형	△ ⇨ 0개
사각형	⊠ ⇨ 2개
오각형	⬠ ⇨ 5개

● 사각형에서 대각선의 성질

성질	사각형		
두 대각선이 서로 수직	⊠	◇	◇
두 대각선의 길이가 같음	⊠	⊠	▱
한 대각선이 다른 대각선을 똑같이 둘로 나눔	⊠	◇	▱

개념 체크

1 다각형에서 서로 이웃하지 않는 두 꼭짓점을 이은 선분을 [　　　　](이)라고 합니다.

2 삼각형은 꼭짓점이 3개인데 3개의 꼭짓점이 서로 이웃하고 있기 때문에 대각선을 그을 수 (있습니다 , 없습니다).

플래쉬 학습

다각형에서 서로 이웃하지 않는 두 꼭짓점을 이은 선분을 대각선이라고 해.

대각선

주조판도 없앴는데 이제 뭐 하죠?

어사님! 임금님의 서신입니다!

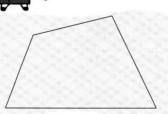

이웃 나라에서 이 다각형에 대각선을 그으라는 문제를 냈으니, 이 문제를 풀라는 서신입니다.

대각선이 뭐죠?

처음 들어 보는데?

문제를 맞히면 상으로 엿을 하사하신다고 하셨습니다.

야호~ 엿 엄청 좋아하는데!

개념 체크 정답 **1** 대각선 **2** 없습니다에 ○표

1-1 정사각형에 대각선을 옳게 나타낸 것에 ◯표 하시오.

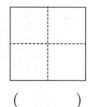 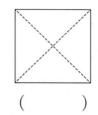

(　　　) 　　　(　　　)

> **힌트** 다각형에서 서로 이웃하지 않는 두 꼭짓점을 이은 선분을 대각선이라고 합니다.

1-2 사각형에 대각선을 옳게 나타내었으면 ◯표 하시오.

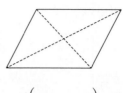 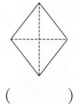

(　　　) 　　　(　　　)

2-1 오각형에 대각선을 모두 그어 보시오.

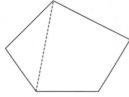

> **힌트** 오각형은 하나의 꼭짓점에서 대각선을 2개씩 그을 수 있습니다.

2-2 삼각형에 대각선을 모두 그어 보시오.

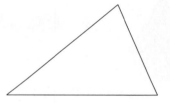

익힘책 유형

3-1 두 대각선의 길이가 같은 사각형을 찾아 ◯표 하시오.

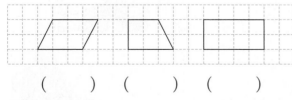

(　　　) (　　　) (　　　)

> **힌트** 사각형에 대각선을 모두 긋고 길이가 같은 것을 찾아봅니다.

3-2 두 대각선이 서로 수직인 사각형을 모두 찾아 ◯표 하시오.

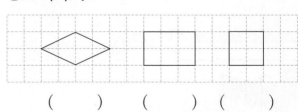

(　　　) (　　　) (　　　)

6

다각형

개념4   모양 만들기를 해 볼까요

- **다각형 모양 조각 알아보기**

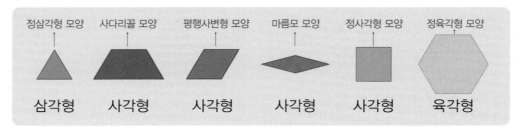

정삼각형 모양	사다리꼴 모양	평행사변형 모양	마름모 모양	정사각형 모양	정육각형 모양
삼각형	사각형	사각형	사각형	사각형	육각형

- **모양 조각으로 다각형 만들기**

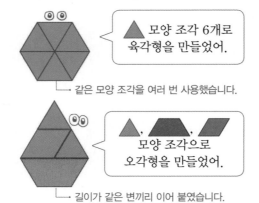

▲ 모양 조각 6개로 육각형을 만들었어.

└ 같은 모양 조각을 여러 번 사용했습니다.

모양 조각으로 오각형을 만들었어.

└ 길이가 같은 변끼리 이어 붙였습니다.

- **모양 조각을 모두 사용하여 모양 만들기**

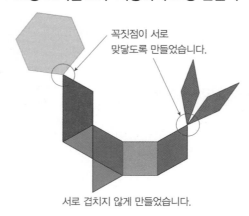

꼭짓점이 서로 맞닿도록 만들었습니다.

서로 겹치지 않게 만들었습니다.

❶

모양 조각 (5 , 6)개로 육각형을 만들었습니다.

❷

모양 조각 2개,

모양 조각 (1 , 2)개로 커다란 정삼각형을 만들었습니다.

이 모양의 옛으로 정삼각형을 만들어 보세요.

또 문제야?

제가 만든 꽃입니다. 예쁘죠?

길이가 같은 변끼리 이어 붙여서 잘 만들었구나.

저건 정삼각형이 아니잖아요.

이렇게 만들어야 정삼각형이죠.

다른 모양의 옛도 있습니다.

정말?

1-1 모양을 만드는 데 사용한 다각형을 모두 찾아 ○표 하시오.

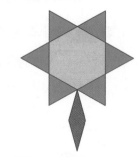

삼각형
사각형
오각형
육각형

(힌트) 사용한 모양 조각의 변의 수를 세어 봅니다.

1-2 모양을 만드는 데 사용한 다각형을 모두 찾아 ○표 하시오.

(삼각형 , 사각형 , 오각형 , 육각형)

익힘책 유형

2-1 다음 모양을 만들려면 ▲ 모양 조각은 몇 개 필요합니까?

(   )

(힌트) ▲ 모양 조각에 ∨표를 하며 사용한 조각의 수를 세어 봅니다.

2-2 다음 모양을 만들려면 ▲ 모양 조각은 몇 개 필요합니까?

(   )

3-1 왼쪽 2가지 모양 조각을 사용하여 빈 곳에 사다리꼴을 만들어 보시오.

모양 조각	사다리꼴

(힌트) 길이가 같은 변끼리 이어 붙여 봅니다.

3-2 왼쪽 2가지 모양 조각을 사용하여 빈 곳에 오각형을 만들어 보시오.

모양 조각	오각형

개념5 모양 채우기를 해 볼까요

개념 동영상

개념 체크

- 여러 가지 방법으로 모양 채우기

예 모양 조각을 사용하여 모양 채우기

방법 1 모양 조각으로만 채우기

 ➡ 6개 사용

방법 2 모양 조각으로만 채우기

 ➡ 3개 사용

방법 3 모양 조각을

모두 사용하여 채우기

 ➡ 각각 1개 사용

모양 조각이 서로 겹치거나 빈틈이 생기지 않게 채워야 해요.

빈틈이 있으면 안되기 때문에 모양 조각으로만 채울 수는 없어.

빈틈

1  모양 조각으로 ⬜ 모양을 채울 수 (있습니다 , 없습니다).

2 ⬜ 모양 조각으로 ⬜ 모양을 채울 수 (있습니다 , 없습니다).

3 ⬜, ⬜ 모양 조각으로 ⬜ 모양을 채울 수 (있습니다 , 없습니다).

이번엔 엿으로 정육각형 모양을 채워 볼까요?

왜 자꾸 나한테만 물어 보는 거지?

이렇게 채우면 되잖아요.

역시 똑똑해! 그럼 이제 엿을 먹어 볼까?

어라, 아까보다 줄어 든 것 같은데.

아저씨가 먼저 먹은 게 분명해요.

느 으냐~ (나 아냐~)

역시 아저씨였어.

개념 체크 정답 **1** 있습니다에 ○표 **2** 없습니다에 ○표 **3** 있습니다에 ○표

1-1 다각형을 사용하여 꾸민 모양입니다. 알맞은 수나 말에 ○표 하시오.

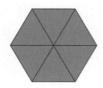

(삼각형 , 사각형) 모양 조각 (6 , 8)개로 모양을 채웠습니다.

> 힌트 모양을 채우고 있는 모양 조각의 변의 수를 세어 봅니다.

1-2 다각형을 사용하여 꾸민 모양입니다. □ 안에 알맞은 수나 말을 써넣으시오.

☐☐☐☐ 모양 조각 ☐개로 모양을 채웠습니다.

익힘책 유형

2-1 와 ▨ 를 모두 사용하여 정사각형을 채울 수 있는 방법을 선을 그어 나타내시오.

> 힌트 모양 조각이 서로 겹치거나 빈틈이 생기지 않도록 채워야 합니다.

2-2 ◺ 와  를 모두 사용하여 정사각형을 채울 수 있는 방법을 선을 그어 나타내시오.

3-1 모양 조각을 사용하여 평행사변형을 채워 보시오.

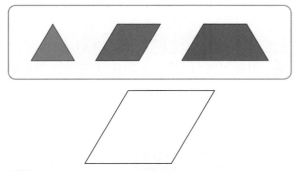

> 힌트 같은 모양 조각을 여러 번 사용할 수 있습니다.

3-2 모양 조각을 사용하여 3-1과 다른 방법으로 평행사변형을 채워 보시오.

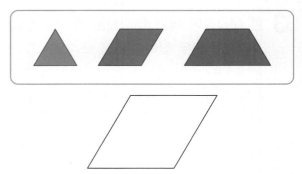

6

다각형

2 STEP 개념 확인하기

개념3 대각선을 알아볼까요

대각선: 서로 이웃하지 않는 두 꼭짓점을 이은 선분

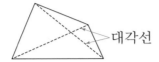

[01~02] 도형을 보고 물음에 답하시오.

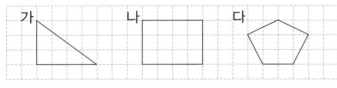

교과서 유형

01 다각형에 대각선을 모두 그어 보시오.

02 □ 안에 알맞은 도형을 찾아 기호를 써넣으시오.

모든 꼭짓점이 이웃하고 있기 때문에 대각선을 그을 수 없는 다각형은 □ 야.

03 한 대각선이 다른 대각선을 똑같이 둘로 나누는 사각형을 모두 찾아 기호를 쓰시오.

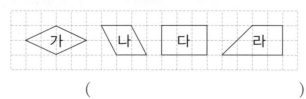

( )

익힘책 유형

04 표시된 꼭짓점에서 그을 수 있는 대각선을 모두 그어 보고, 알게 된 점을 쓰시오.

알게 된 점 _____

개념4 모양 만들기를 해 볼까요

〈모양 조각을 사용하여 모양을 만드는 방법〉
① 길이가 같은 변끼리 이어 붙입니다.
② 꼭짓점이 서로 맞닿도록 이어 붙입니다.
③ 모양 조각이 서로 겹치지 않게 이어 붙입니다.
④ 같은 모양 조각을 여러 번 사용할 수 있습니다.
⑤ 모양을 돌리거나 뒤집어도 됩니다.

05 모양을 만드는 데 사용한 다각형을 모두 찾아 이름을 쓰시오.

( )

06 왼쪽 2가지 모양 조각을 사용하여 빈 곳에 육각형을 만들어 보시오.

07 주어진 모양 조각을 모두 사용하여 모양을 만들고, 만든 모양에 이름을 붙여 보시오.

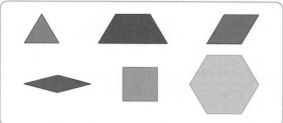

( )

---

09 모양 채우기 방법을 바르게 설명한 것을 모두 찾아 기호를 쓰시오.

> ㉠ 빈틈없이 이어 붙였습니다.
> ㉡ 서로 겹치지 않게 이어 붙였습니다.
> ㉢ 길이가 서로 다른 변끼리 이어 붙였습니다.

( )

10 **07**의 모양 조각을 사용하여 서로 다른 방법으로 주어진 모양을 채워 보시오.

방법 1

방법 2

개념5 **모양 채우기를 해 볼까요**

모양 조각을 이용하여 모양을 채울 때에는 서로 겹치거나 빈틈이 생기지 않게 채워야 합니다.

[08~09] 다각형을 사용하여 꾸민 모양을 보고 물음에 답하시오.

가 나

08 모양을 채우고 있는 다각형의 이름을 각각 쓰시오.

가 ( ), 나 ( )

---

11 현서가 바다를 그린 그림입니다. **07**의 모양 조각을 사용하여 다음 모양의 빈칸을 채워 보시오.

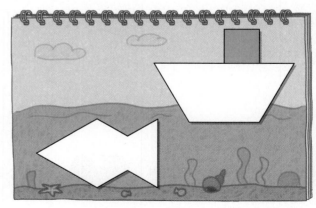

• 두 대각선이 서로 수직으로 만나는 사각형

 마름모

 정사각형

 특수한 경우

• 대각선의 길이가 같은 다각형

 직사각형

 정사각형

정오각형

 특수한 경우

01 사각형 ㄱㄴㄷㄹ에 대각선을 바르게 그은 것은 어느 것입니까? ·········· (   )

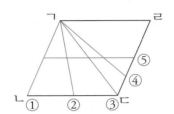

02 정다각형입니다. □ 안에 알맞은 수를 써넣으시오.

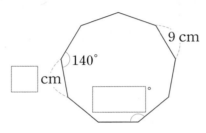

03 두 대각선이 서로 수직으로 만나는 사각형을 찾아 ○표 하시오.

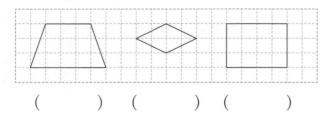

(   )   (   )   (   )

04 다음 모양을 만들려면 모양 조각은 몇 개 필요합니까?

(   )

05 관계 있는 것끼리 선으로 이으시오.

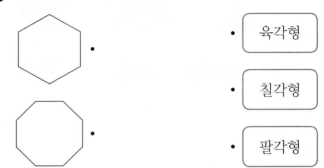

- 육각형

- 칠각형

- 팔각형

06 점 종이에 그려진 선분을 이용하여 칠각형을 완성하시오.

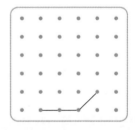

[07~08] 도형을 보고 물음에 답하시오.

07 다각형이 아닌 것을 찾아 기호를 쓰시오.

(   )

08 위 **07**에서 찾은 도형이 다각형이 아닌 이유를 쓰시오.

이유

09 ,  , 모양 조각 중 2가지를 골라 서로 다른 방법으로 정삼각형을 만들어 보시오.

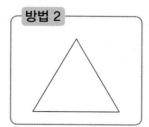

10 정다각형입니다. 모든 변의 길이의 합을 구하시오.

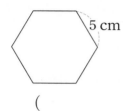

5 cm

( )

11 미소가 설명하는 도형의 이름을 쓰시오.

선분으로만 둘러싸인 도형이고 변이 10개야.

미소

( )

12 육각형에 대각선을 모두 그어 보고, 몇 개인지 세어 보시오.

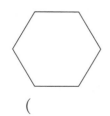

( )

13 다음 칠교판 7조각에 없는 도형을 찾아 기호를 쓰시오.

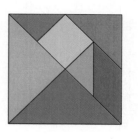

ㄱ 삼각형
ㄴ 사각형
ㄷ 정삼각형
ㄹ 정사각형

( )

14 위 **13**의 칠교판 조각을 사용하여 주어진 모양을 채워 보시오. (단, 같은 칠교판 조각을 여러 번 사용할 수 있습니다.)

15 지하철 바닥에 있는 정다각형 모양의 점자 블록을 보고 나눈 대화입니다. 잘못 말한 사람을 찾아 이름을 쓰시오.

주민: 변이 4개니까 정사각형이야.
근우: 꼭짓점이 4개야.
해주: 대각선을 4개 그을 수 있어.
미라: 그을 수 있는 대각선의 길이가 모두 같아.

( )

다각형 6

16 오른쪽 도형은 정다각형입니다. 모든 각의 크기의 합은 몇 도인지 식을 쓰고 답을 구하시오.

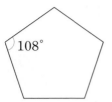

식 _____

답 _____

유사 문제

17 사진에 표시한 두 도형에 그을 수 있는 대각선 수의 합을 구하시오.

(   )

18 모양 조각을 사용하여 주어진 모양을 채워 보시오. (단, 같은 모양 조각을 여러 번 사용할 수 있습니다.)

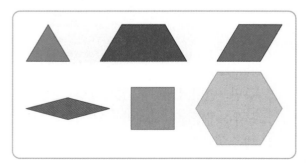

19 ⑴ 한 변이 7 cm이고 모든 변의 길이의 합이 84 cm인 정다각형이 있습니다. / ⑵ 이 정다각형의 이름은 무엇입니까?

(   )

해결의 법칙

⑴ 정다각형의 성질을 이용하여 변의 수를 구해 봅니다.

⑵ 정다각형의 이름을 알아봅니다.

유사 문제

20 ⑷ 대각선의 수가 가장 많은 다각형을 말한 사람을 찾아 이름을 쓰시오.

| ⑴ 변이 4개인 다각형 | ⑵ 꼭짓점이 5개인 다각형 | ⑶ 한 각의 크기가 60°인 정다각형 |

현철   초아   진호

(   )

해결의 법칙

⑴, ⑵ 설명에 맞는 다각형의 이름을 알아봅니다.

⑶ 설명에 맞는 정다각형의 이름을 알아봅니다.

⑷ ⑴, ⑵, ⑶의 대각선의 수를 비교해 봅니다.

[❶~❷] 정다각형을 겹치지 않게 놓아 평면을 빈틈없이 채울 수 있는지 알아보려고 합니다. 다음을 읽고 물음에 답하시오.

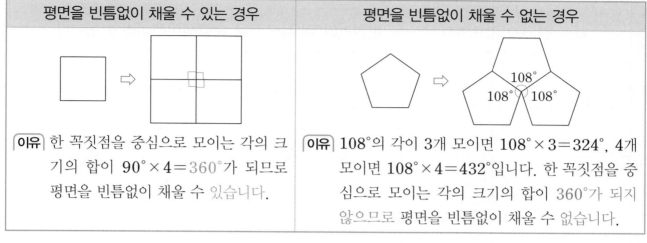

평면을 빈틈없이 채울 수 있는 경우	평면을 빈틈없이 채울 수 없는 경우
이유 한 꼭짓점을 중심으로 모이는 각의 크기의 합이 $90° × 4 = 360°$가 되므로 평면을 빈틈없이 채울 수 있습니다.	이유 $108°$의 각이 3개 모이면 $108° × 3 = 324°$, 4개 모이면 $108° × 4 = 432°$입니다. 한 꼭짓점을 중심으로 모이는 각의 크기의 합이 $360°$가 되지 않으므로 평면을 빈틈없이 채울 수 없습니다.

❶ 정삼각형을 겹치지 않게 놓았습니다. ☐ 안에 알맞은 수를 써넣고 알맞은 말에 ◯표 하시오.

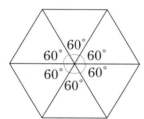

⇨ 한 꼭짓점을 중심으로 모이는 각의 크기의 합이

$60° × 6 = $ ☐ $°$가 되므로 평면을 빈틈없이

채울 수 (있습니다 , 없습니다).

❷ 왼쪽 바닥 디자인을 보고 나눈 대화입니다. ☐ 안에 알맞게 써넣고 알맞은 말에 ◯표 하시오.

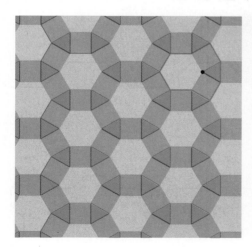

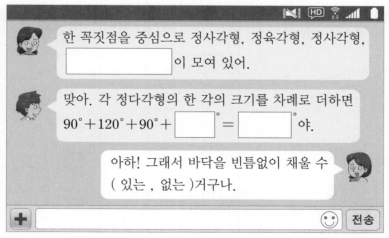

한 꼭짓점을 중심으로 정사각형, 정육각형, 정사각형,
☐ 이 모여 있어.

맞아. 각 정다각형의 한 각의 크기를 차례로 더하면
$90° + 120° + 90° + $ ☐ $° = $ ☐ $°$야.

아하! 그래서 바닥을 빈틈없이 채울 수
(있는 , 없는)거구나.

➕ 😊 전송

모양을 빈틈없이 채워라!

서로 겹치지 않으면서 바닥을 빈틈없이 채우는 것을 **테셀레이션**이라고 합니다. •보기•와 같이 정사각형과 정팔각형으로 모양을 빈틈없이 채워 보세요.

•보기•
정삼각형과 정육각형을 이용하여 모양을 빈틈없이 채웠습니다.

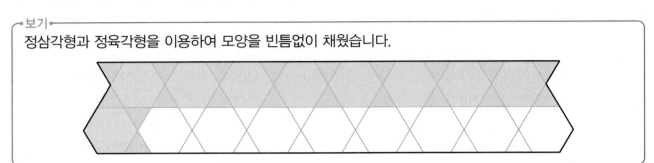

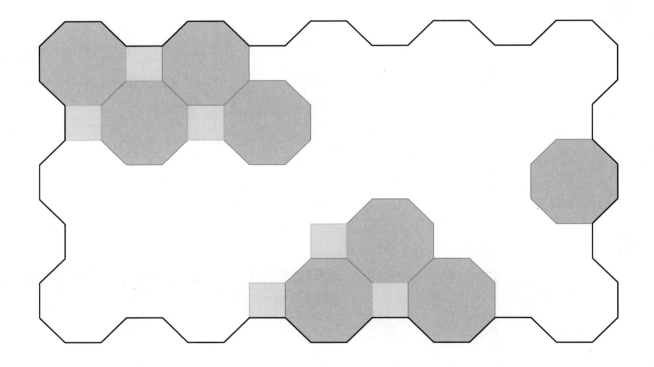

테셀레이션은
욕실의 타일,
거리의 보도블록,
궁궐의 단청 등
우리 주변에서 많이
찾아볼 수 있답니다.

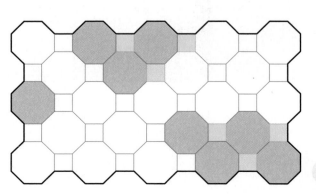

우리 아이만
알고 싶은
상위권의
시작

최고를
경험해 본 아이의 성취감은
학년이 오를수록
빛을 발합니다

최고수준

완성

초등수학

5-2

* 1~6학년 / 학기 별 출시
동영상 강의 제공

뭘 좋아할지 몰라 다 준비했어♥
전과목 교재

전과목 시리즈 교재

●무등생 해법시리즈
– 국어/수학 · 1~6학년, 학기용
– 사회/과학 · 3~6학년, 학기용
– 봄·여름/가을·겨울 · 1~2학년, 학기용
– SET(전과목/국수, 국사과) · 1~6학년, 학기용

●똑똑한 하루 시리즈
– 똑똑한 하루 독해 · 예비초~6학년, 총 14권
– 똑똑한 하루 글쓰기 · 예비초~6학년, 총 14권
– 똑똑한 하루 어휘 · 예비초~6학년, 총 14권
– 똑똑한 하루 한자 · 예비초~6학년, 총 14권
– 똑똑한 하루 수학 · 1~6학년, 학기용
– 똑똑한 하루 계산 · 예비초~6학년, 총 14권
– 똑똑한 하루 도형 · 예비초~6학년, 총 8권
– 똑똑한 하루 사고력 · 1~6학년, 학기용
– 똑똑한 하루 사회/과학 · 3~6학년, 학기용
– 똑똑한 하루 봄/여름/가을/겨울 · 1~2학년, 총 8권
– 똑똑한 하루 안전 · 1~2학년, 총 2권
– 똑똑한 하루 Voca · 3~6학년, 학기용
– 똑똑한 하루 Reading · 초3~초6, 학기용
– 똑똑한 하루 Grammar · 초3~초6, 학기용
– 똑똑한 하루 Phonics · 예비초~초등, 총 8권

●독해가 힘이다 시리즈
– 초등 문해력 독해가 힘이다 비문학편 · 3~6학년
– 초등 수학도 독해가 힘이다 · 1~6학년, 학기용
– 초등 문해력 독해가 힘이다 문장제수학편 · 1~6학년, 총 12권

영어 교재

●초등영어 교과서 시리즈
파닉스(1~4단계) · 3~6학년, 학년용
영단어(1~4단계) · 3~6학년, 학년용

●LOOK BOOK 영단어 · 3~6학년, 단행본

●원서 읽는 LOOK BOOK 영단어 · 3~6학년, 단행본

국가수준 시험 대비 교재

●해법 기초학력 진단평가 문제집 · 2~6학년·중1 신입생, 총 6권

개념 해결의 법칙

꼼꼼 풀이집

수학

4·2

개념 해결의 법칙

꼼꼼 풀이집

4_2

3~4학년군 수학④

꼼꼼 풀이집

1 분수의 덧셈과 뺄셈

11~15쪽

STEP 1 개념 파헤치기

11쪽

1-1 (1) 예

$$\frac{3}{5} \qquad \frac{1}{5}$$
$$0 \qquad \frac{4}{5} \qquad 1$$

(2) $\frac{3}{5} + \frac{1}{5} = \dfrac{\boxed{3} + \boxed{1}}{5} = \dfrac{\boxed{4}}{5}$ (3) $\frac{4}{5}$

1-2 (1) 예

$$\frac{2}{8} \qquad \frac{3}{8}$$
$$0 \qquad \frac{5}{8} \qquad 1$$

(2) $\frac{2}{8} + \frac{3}{8} = \dfrac{\boxed{2} + \boxed{3}}{8} = \dfrac{\boxed{5}}{8}$ (3) $\frac{5}{8}$

2-1 (1) $\frac{5}{7}$
(2) $\frac{7}{10}$

2-2 (1) $\frac{5}{6}$
(2) $\frac{10}{11}$

3-1 $\frac{3}{8}$

3-2 $\frac{7}{13}$

13쪽

1-1 (1) 예

(2) $\frac{4}{5} + \frac{3}{5} = \dfrac{4 + \boxed{3}}{5} = \dfrac{\boxed{7}}{5} = \boxed{1}\dfrac{\boxed{2}}{5}$

(3) $1\frac{2}{5}\left(=\frac{7}{5}\right)$

1-2 (1) 예

$$\frac{2}{3} \qquad \frac{2}{3}$$
$$0 \qquad \frac{4}{3} \qquad 2$$

(2) $\frac{2}{3} + \frac{2}{3} = \dfrac{\boxed{2} + \boxed{2}}{3} = \dfrac{\boxed{4}}{3} = \boxed{1}\dfrac{\boxed{1}}{3}$

(3) $1\frac{1}{3}\left(=\frac{4}{3}\right)$

2-1 (1) $1\frac{2}{7}$
(2) $1\frac{1}{10}$

2-2 (1) $1\frac{1}{6}\left(=\frac{7}{6}\right)$
(2) $1\frac{5}{13}\left(=\frac{18}{13}\right)$
(3) $1\frac{5}{7}\left(=\frac{12}{7}\right)$

3-1 $1\frac{2}{4}$

3-2 $1\frac{4}{9}$

15쪽

1-1 (1)

$$\boxed{\frac{7}{7}}$$
$$0 \qquad \boxed{\frac{4}{7}} \qquad \boxed{\frac{3}{7}} \qquad 1$$

(2) $\frac{4}{7}$

1-2 (1) 예

(2) $\frac{3}{4}$

2-1 (1) $\frac{2}{9}$
(2) $\frac{1}{8}$

2-2 (1) $\frac{4}{7}$
(2) $\frac{3}{10}$

3-1 $1 - \dfrac{5}{8}$
$= \dfrac{8}{8} - \dfrac{5}{8}$
$= \dfrac{8-5}{8}$
$= \dfrac{3}{8}$

3-2 $1 - \dfrac{7}{13}$
$= \dfrac{13}{13} - \dfrac{7}{13}$
$= \dfrac{13-7}{13}$
$= \dfrac{6}{13}$

11쪽

1-2 (1) $\frac{2}{8}$는 $\frac{1}{8}$이 2개, $\frac{3}{8}$은 $\frac{1}{8}$이 3개이므로
$\frac{2}{8} + \frac{3}{8}$은 $\frac{1}{8}$이 $2+3=5$(개)입니다.

(3) $\frac{2}{8} + \frac{3}{8} = \dfrac{5}{8}$

2-1 (1) $\frac{3}{7} + \frac{2}{7} = \dfrac{3+2}{7} = \dfrac{5}{7}$
(2) $\frac{4}{10} + \frac{3}{10} = \dfrac{4+3}{10} = \dfrac{7}{10}$

2-2 (1) $\frac{1}{6} + \frac{4}{6} = \dfrac{1+4}{6} = \dfrac{5}{6}$
(2) $\frac{7}{11} + \frac{3}{11} = \dfrac{7+3}{11} = \dfrac{10}{11}$

3-1 **생각 열기** 분모가 같은 진분수끼리의 덧셈은 분모는 그대로 두고 분자끼리 더합니다.

$\frac{1}{8} + \frac{2}{8} = \dfrac{1+2}{8} = \dfrac{3}{8}$

3-2 $\frac{2}{13}+\frac{5}{13}=\frac{2+5}{13}=\frac{7}{13}$

13쪽

1-2 (1) $\frac{2}{3}$는 $\frac{1}{3}$이 2개입니다.

(2) $\frac{2}{3}+\frac{2}{3}$ 는 $\frac{1}{3}$이 4개이므로

$\frac{2}{3}+\frac{2}{3}=\frac{4}{3}=1\frac{1}{3}$입니다.

2-1 생각 열기 분모가 같은 진분수의 덧셈은 분자끼리 더한 다음 결과가 가분수이면 대분수로 바꿉니다.

(1) $\frac{5}{7}+\frac{4}{7}=\frac{9}{7}=1\frac{2}{7}$

(2) $\frac{3}{10}+\frac{8}{10}=\frac{11}{10}=1\frac{1}{10}$

2-2 (1) $\frac{5}{6}+\frac{2}{6}=\frac{7}{6}=1\frac{1}{6}$

(2) $\frac{8}{13}+\frac{10}{13}=\frac{18}{13}=1\frac{5}{13}$

(3) $\frac{6}{7}+\frac{6}{7}=\frac{12}{7}=1\frac{5}{7}$

3-1 $\frac{3}{4}+\frac{3}{4}=\frac{6}{4}=1\frac{2}{4}$

주의
계산 결과를 대분수로 나타내어야 합니다.

3-2 $\frac{5}{9}+\frac{8}{9}=\frac{13}{9}=1\frac{4}{9}$

15쪽

1-1 (2) $1-\frac{3}{7}=\frac{7}{7}-\frac{3}{7}=\frac{4}{7}$

1-2 1에서 $\frac{1}{4}$을 지우면 $\frac{1}{4}$이 3개 남으므로 $\frac{3}{4}$입니다.

2-1 생각 열기 분모가 같은 진분수의 뺄셈은 분모는 그대로 두고 분자끼리 뺍니다.

(1) $\frac{5}{9}-\frac{3}{9}=\frac{5-3}{9}=\frac{2}{9}$

(2) $\frac{7}{8}-\frac{6}{8}=\frac{7-6}{8}=\frac{1}{8}$

2-2 (1) $\frac{6}{7}-\frac{2}{7}=\frac{6-2}{7}=\frac{4}{7}$

(2) $\frac{9}{10}-\frac{6}{10}=\frac{9-6}{10}=\frac{3}{10}$

3-1 생각 열기 자연수 1은 분모와 분자가 같은 분수로 나타 낼 수 있습니다.

$1-\frac{5}{8}=\frac{8}{8}-\frac{5}{8}=\frac{3}{8}$

3-2 생각 열기 자연수 1을 분수로 바꾸어 계산합니다.

$1-\frac{7}{13}=\frac{13}{13}-\frac{7}{13}=\frac{6}{13}$

2 STEP 개념 확인하기

01 (1) $\frac{5}{9}$ (2) $\frac{13}{16}$ 02 <

03 $\frac{3}{4}$

04 (1) $1\frac{1}{4}(=\frac{5}{4})$ (2) $1\frac{3}{10}(=\frac{13}{10})$

05 $1\frac{5}{12}(=\frac{17}{12})$ 06 (1) $\frac{10}{11}$ m   (2) $1\frac{9}{11}$ m

07 (1) $\frac{1}{8}$ (2) $\frac{3}{10}$ 08 $\frac{5}{9}$

09 예 $\frac{7}{8}-\frac{2}{8}=\frac{7-2}{8}=\frac{5}{8}$

10 $1-\frac{4}{16}=\frac{12}{16}$ 11 $\frac{4}{16}-\frac{1}{16}=\frac{3}{16}$

12 $\frac{2}{5}$ L

01 (1) $\frac{1}{9}+\frac{4}{9}=\frac{1+4}{9}=\frac{5}{9}$

(2) $\frac{11}{16}+\frac{2}{16}=\frac{11+2}{16}=\frac{13}{16}$

주의
분모가 같은 분수의 덧셈에서 분모는 그대로 두고 분 자끼리만 더하는 것에 주의합니다.

02 $\frac{2}{8}+\frac{3}{8}=\frac{5}{8} < \frac{6}{8}$

03 생각 열기 ◯표 한 부분의 음표 ♩의 수를 세어 봅니다.

◯표 한 부분에는 ♪가 3개이고 ♪의 길이는 $\frac{1}{4}$이므로

음표 ♩의 길이의 합은 $\frac{1}{4}+\frac{1}{4}+\frac{1}{4}=\frac{2}{4}+\frac{1}{4}=\frac{3}{4}$입니다.

04 (1) $\frac{2}{4}+\frac{3}{4}=\frac{5}{4}=1\frac{1}{4}$

(2) $\frac{7}{10}+\frac{6}{10}=\frac{13}{10}=1\frac{3}{10}$

참고
분수의 덧셈 결과가 가분수이면 대분수로 바꾸어 나 타냅니다.

05 $\frac{7}{12}+\frac{10}{12}=\frac{17}{12}=1\frac{5}{12}$

06 생각 열기 직사각형에서 마주 보는 변의 길이는 서로 같습 니다.

(1) (가로)+(세로)$=\frac{6}{11}+\frac{4}{11}=\frac{10}{11}$ (m)

(2) (네 변의 길이의 합)

$=$(가로)+(세로)+(가로)+(세로)

$=\frac{10}{11}+\frac{10}{11}=\frac{20}{11}=1\frac{9}{11}$ (m)

다른 풀이

(네 변의 길이의 합)

$=$(가로)$+$(가로)$+$(세로)$+$(세로)

$=\dfrac{6}{11}+\dfrac{6}{11}+\dfrac{4}{11}+\dfrac{4}{11}$

$=\dfrac{12}{11}+\dfrac{8}{11}=\dfrac{20}{11}=1\dfrac{9}{11}$ (m)

07 (1) $\dfrac{6}{8}-\dfrac{5}{8}=\dfrac{6-5}{8}=\dfrac{1}{8}$

(2) $\dfrac{7}{10}-\dfrac{4}{10}=\dfrac{7-4}{10}=\dfrac{3}{10}$

08 $1-\dfrac{4}{9}=\dfrac{9}{9}-\dfrac{4}{9}=\dfrac{5}{9}$

참고

자연수 1은 분모와 분자가 같은 분수로 바꾸어 나타
낼 수 있습니다.

예 $1=\dfrac{2}{2}=\dfrac{3}{3}=\dfrac{4}{4}=\dfrac{5}{5}=\dfrac{6}{6}$……

09 분모가 같은 분수의 뺄셈에서 분모는 그대로 두고 분
자끼리 빼야 합니다.

10 생각 열기 칠교판 전체의 크기는 1입니다.

초록색 조각의 크기는 $\dfrac{4}{16}$이므로 전체에서 초록색 조

각을 빼면 남은 부분의 크기는

$1-\dfrac{4}{16}=\dfrac{16}{16}-\dfrac{4}{16}=\dfrac{12}{16}$입니다.

11 가장 큰 조각 한 개의 크기: $\dfrac{4}{16}$

가장 작은 조각 한 개의 크기: $\dfrac{1}{16}$

➡ 두 조각의 크기의 차: $\dfrac{4}{16}-\dfrac{1}{16}=\dfrac{3}{16}$

12 (은정이와 민준이가 마신 주스의 양)

$=\dfrac{2}{5}+\dfrac{1}{5}=\dfrac{3}{5}$ (L)

➡ (남은 주스의 양)

$=$(처음 주스의 양)$-$(은정이와 민준이가 마신 주스의 양)

$=1-\dfrac{3}{5}=\dfrac{5}{5}-\dfrac{3}{5}=\dfrac{2}{5}$ (L)

다른 풀이

(남은 주스의 양)

$=$(처음 주스의 양)$-$(은정이가 마신 주스의 양)

　$-$(민준이가 마신 주스의 양)

$=1-\dfrac{2}{5}-\dfrac{1}{5}=\dfrac{5}{5}-\dfrac{2}{5}-\dfrac{1}{5}$

$=\dfrac{3}{5}-\dfrac{1}{5}=\dfrac{2}{5}$(L)

---

1 STEP 개념 파헤치기　　　19~23쪽

19쪽

1-1 (1) 예

(2) $2\dfrac{3}{4}$

1-2 (1) 예

(2) $3\dfrac{5}{6}$

2-1 (1) $7\dfrac{5}{6}$ 　　**2-2** (1) $4\dfrac{7}{8}$

(2) $6\dfrac{8}{9}$ 　　　　　　(2) $10\dfrac{8}{11}$

　　　　　　　　　　　　(3) $6\dfrac{3}{4}$

3-1 예 $1\dfrac{3}{5}+2\dfrac{1}{5}$ 　**3-2** 예 $3\dfrac{1}{7}+2\dfrac{4}{7}$

$=\dfrac{8}{5}+\dfrac{11}{5}$ 　　　　$=\dfrac{22}{7}+\dfrac{18}{7}$

$=\dfrac{19}{5}=3\dfrac{4}{5}$ 　　　　$=\dfrac{40}{7}=5\dfrac{5}{7}$

21쪽

1-1 (1) 3, 5　(2)

(3) $4\left(=\dfrac{8}{2}\right)$

1-2 (1) 7, 6　(2)

(3) $3\dfrac{1}{4}\left(=\dfrac{13}{4}\right)$

2-1 (1) $5\dfrac{1}{6}$

(2) $5\dfrac{3}{10}$

2-2 (1) $5\dfrac{4}{9}$

(2) 7

(3) $7\dfrac{3}{13}$

3-1 $7\dfrac{1}{4}$

3-2 $7\dfrac{1}{7}$

23쪽

1-1 (1) 예

(2) $1\dfrac{1}{3}$

1-2 (1) 예

(2) $2\dfrac{2}{4}$

2-1 (1) $2\dfrac{2}{5}$

(2) $2\dfrac{3}{8}$

2-2 (1) $6\dfrac{1}{6}$

(2) $\dfrac{1}{5}$

(3) $1\dfrac{3}{11}$

3-1 $3\dfrac{3}{7}$

3-2 3

19쪽

1-1 (1) $1\dfrac{2}{4}+1\dfrac{1}{4}$은 $1+1=2$와 $\dfrac{2}{4}+\dfrac{1}{4}=\dfrac{3}{4}$만큼입니다.

1-2 (1) $2\dfrac{4}{6}+1\dfrac{1}{6}$은 $2+1=3$과 $\dfrac{4}{6}+\dfrac{1}{6}=\dfrac{5}{6}$만큼입니다.

2-1 (1) $4\dfrac{2}{6}+3\dfrac{3}{6}=(4+3)+\left(\dfrac{2}{6}+\dfrac{3}{6}\right)=7+\dfrac{5}{6}=7\dfrac{5}{6}$

(2) $1\dfrac{4}{9}+5\dfrac{4}{9}=(1+5)+\left(\dfrac{4}{9}+\dfrac{4}{9}\right)=6+\dfrac{8}{9}=6\dfrac{8}{9}$

2-2 (1) $2\dfrac{3}{8}+2\dfrac{4}{8}=(2+2)+\left(\dfrac{3}{8}+\dfrac{4}{8}\right)=4+\dfrac{7}{8}=4\dfrac{7}{8}$

(2) $6\dfrac{5}{11}+4\dfrac{3}{11}=(6+4)+\left(\dfrac{5}{11}+\dfrac{3}{11}\right)$
$=10+\dfrac{8}{11}=10\dfrac{8}{11}$

(3) $1\dfrac{2}{4}+5\dfrac{1}{4}=(1+5)+\left(\dfrac{2}{4}+\dfrac{1}{4}\right)=6+\dfrac{3}{4}=6\dfrac{3}{4}$

3-1 $1\dfrac{3}{5}+2\dfrac{1}{5}=\dfrac{8}{5}+\dfrac{11}{5}=\dfrac{19}{5}=3\dfrac{4}{5}$

3-2 $3\dfrac{1}{7}=\dfrac{22}{7}$, $2\dfrac{4}{7}=\dfrac{18}{7}$로 바꾸어 계산하면
$3\dfrac{1}{7}+2\dfrac{4}{7}=\dfrac{22}{7}+\dfrac{18}{7}=\dfrac{40}{7}=5\dfrac{5}{7}$

21쪽

1-1 (3) $1\dfrac{1}{2}+2\dfrac{1}{2}$은 $\dfrac{1}{2}$이 8개이므로 $\dfrac{8}{2}=4$입니다.

1-2 (2) $1\dfrac{3}{4}$은 $\dfrac{1}{4}$이 7개, $1\dfrac{2}{4}$는 $\dfrac{1}{4}$이 6개이므로
$1\dfrac{3}{4}+1\dfrac{2}{4}$는 $\dfrac{1}{4}$이 13개입니다.

(3) $1\dfrac{3}{4}+1\dfrac{2}{4}=\dfrac{13}{4}=3\dfrac{1}{4}$

2-1 (1) $2\dfrac{5}{6}+2\dfrac{2}{6}=4+\dfrac{7}{6}=4+1\dfrac{1}{6}=5\dfrac{1}{6}$

(2) $3\dfrac{7}{10}+\dfrac{16}{10}=\dfrac{37}{10}+\dfrac{16}{10}=\dfrac{53}{10}=5\dfrac{3}{10}$

2-2 (1) $1\dfrac{5}{9}+3\dfrac{8}{9}=4+\dfrac{13}{9}=4+1\dfrac{4}{9}=5\dfrac{4}{9}$

(2) $2\dfrac{4}{5}+4\dfrac{1}{5}=6+\dfrac{5}{5}=6+1=7$

(3) $4\dfrac{11}{13}+\dfrac{31}{13}=\dfrac{63}{13}+\dfrac{31}{13}=\dfrac{94}{13}=7\dfrac{3}{13}$

3-1 $2\dfrac{3}{4}+4\dfrac{2}{4}=6+1\dfrac{1}{4}=7\dfrac{1}{4}$

3-2 $5\dfrac{2}{7}+1\dfrac{6}{7}=6+\dfrac{8}{7}=6+1\dfrac{1}{7}=7\dfrac{1}{7}$

23쪽

1-1 (2) $2\dfrac{2}{3}$에서 $1\dfrac{1}{3}$만큼 지우면 $1\dfrac{1}{3}$이 남으므로
$2\dfrac{2}{3}-1\dfrac{1}{3}=1\dfrac{1}{3}$입니다.

1-2 (2) $3\dfrac{3}{4}$에서 $1\dfrac{1}{4}$만큼 지우면 $2\dfrac{2}{4}$가 남으므로
$3\dfrac{3}{4}-1\dfrac{1}{4}=2\dfrac{2}{4}$입니다.

2-1 (1) $4\dfrac{3}{5}-2\dfrac{1}{5}=2+\dfrac{2}{5}=2\dfrac{2}{5}$

(2) $3\dfrac{7}{8}-\dfrac{12}{8}=\dfrac{31}{8}-\dfrac{12}{8}=\dfrac{19}{8}=2\dfrac{3}{8}$

2-2 (1) $7\dfrac{4}{6}-1\dfrac{3}{6}=6+\dfrac{1}{6}=6\dfrac{1}{6}$

(2) $2\dfrac{4}{5}-2\dfrac{3}{5}=(2-2)+\dfrac{1}{5}=\dfrac{1}{5}$

(3) $5\dfrac{8}{11}-\dfrac{49}{11}=\dfrac{63}{11}-\dfrac{49}{11}=\dfrac{14}{11}=1\dfrac{3}{11}$

3-1 $6\dfrac{5}{7}-3\dfrac{2}{7}=(6-3)+\left(\dfrac{5}{7}-\dfrac{2}{7}\right)=3+\dfrac{3}{7}=3\dfrac{3}{7}$

다른 풀이

$6\dfrac{5}{7}-3\dfrac{2}{7}=\dfrac{47}{7}-\dfrac{23}{7}=\dfrac{24}{7}=3\dfrac{3}{7}$

3-2 $8\dfrac{3}{4}-5\dfrac{3}{4}=(8-5)+\left(\dfrac{3}{4}-\dfrac{3}{4}\right)=3$

다른 풀이

$8\dfrac{3}{4}-5\dfrac{3}{4}=\dfrac{35}{4}-\dfrac{23}{4}=\dfrac{12}{4}=3$

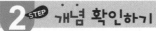
2 STEP 개념 확인하기 [24~25쪽]

01 (1) $3\frac{2}{5}$ (2) $4\frac{5}{8}$ **02** $5\frac{5}{12}$

03 ( ) (○)

04 $3\frac{2}{6}+2\frac{3}{6}=5\frac{5}{6}$; $5\frac{5}{6}$ kg

05 (1) $4\frac{1}{5}$ (2) $8\frac{6}{9}$ **06**

07 예 $3\frac{6}{7}+2\frac{4}{7}=\frac{27}{7}+\frac{18}{7}=\frac{45}{7}=6\frac{3}{7}$

08 $8\frac{3}{11}$ **09** $4\frac{1}{7}$

10 (1) $3\frac{5}{9}$ (2) $1\frac{1}{6}$ **11** $2\frac{2}{7}$

12 $2\frac{1}{10}$ kg

---

01 생각 열기 분모가 같은 대분수의 덧셈은 자연수 부분끼리, 진분수 부분끼리 더합니다.

(1) $1\frac{1}{5}+2\frac{1}{5}=3+\frac{2}{5}=3\frac{2}{5}$

(2) $3\frac{2}{8}+1\frac{3}{8}=4+\frac{5}{8}=4\frac{5}{8}$

02 $3\frac{1}{12}+2\frac{4}{12}=5+\frac{5}{12}=5\frac{5}{12}$

03 생각 열기 계산 결과가 3보다 크고 4보다 작은 식을 찾습니다.

• $2\frac{3}{5}+2\frac{1}{5}$ 은 $2+2=4$, $\frac{3}{5}+\frac{1}{5}$ 은 $\frac{4}{5}$이므로 4보다는 크고 5보다는 작을 것입니다.

• $1\frac{2}{4}+2\frac{1}{4}$ 은 $1+2=3$, $\frac{2}{4}+\frac{1}{4}$ 은 $\frac{3}{4}$이므로 3보다는 크고 4보다는 작을 것입니다.

따라서 어림한 결과가 3과 4 사이인 덧셈식은 $1\frac{2}{4}+2\frac{1}{4}$입니다.

04 서술형 가이드 알맞은 덧셈식을 세우고 계산하여 답을 바르게 구할 수 있어야 합니다.

채점 기준		
$3\frac{2}{6}+2\frac{3}{6}=5\frac{5}{6}$를 쓰고 답을 바르게 구함.	상
$3\frac{2}{6}+2\frac{3}{6}$을 썼으나 실수하여 답이 틀림.	중
$3\frac{2}{6}+2\frac{3}{6}$을 쓰지 못하고 답도 구하지 못함.	하

05 (1) $1\frac{2}{5}+2\frac{4}{5}=3+\frac{6}{5}=3+1\frac{1}{5}=4\frac{1}{5}$

(2) $3\frac{7}{9}+\frac{44}{9}=\frac{34}{9}+\frac{44}{9}=\frac{78}{9}=8\frac{6}{9}$

06 $1\frac{5}{7}+2\frac{3}{7}=3+\frac{8}{7}=3+1\frac{1}{7}=4\frac{1}{7}$

$2\frac{2}{7}+2\frac{6}{7}=4+\frac{8}{7}=4+1\frac{1}{7}=5\frac{1}{7}$

07 $3\frac{6}{7}=\frac{27}{7}$, $2\frac{4}{7}=\frac{18}{7}$로 바꾸어 계산합니다.

08 $1\frac{9}{11}<2\frac{3}{11}<6\frac{5}{11}$

$\Rightarrow 6\frac{5}{11}+1\frac{9}{11}=7+\frac{14}{11}=7+1\frac{3}{11}=8\frac{3}{11}$

09 $1\frac{2}{7}$보다 $2\frac{6}{7}$ 큰 수

$\Rightarrow 1\frac{2}{7}+2\frac{6}{7}=3+\frac{8}{7}=3+1\frac{1}{7}=4\frac{1}{7}$

10 (1) $5\frac{7}{9}-2\frac{2}{9}=3+\frac{5}{9}=3\frac{5}{9}$

(2) $2\frac{5}{6}-\frac{10}{6}=\frac{17}{6}-\frac{10}{6}=\frac{7}{6}=1\frac{1}{6}$

11 $\square=4\frac{6}{7}-2\frac{4}{7}=(4-2)+(\frac{6}{7}-\frac{4}{7})=2+\frac{2}{7}=2\frac{2}{7}$

12 생각 열기 '~ 더 무겁습니까?'는 차를 구하는 문제이므로 뺄셈식을 세워 봅니다.

(정윤이의 몸무게) - (윤하의 몸무게)

$=40\frac{9}{10}-38\frac{8}{10}$

$=(40-38)+(\frac{9}{10}-\frac{8}{10})$

$=2+\frac{1}{10}=2\frac{1}{10}$ (kg)

따라서 정윤이가 윤하보다 $2\frac{1}{10}$ kg 더 무겁습니다.

---

1 STEP 개념 파헤치기 [27~29쪽]

27쪽

1-1 1, $2\boxed{\frac{1}{3}}$ **1-2** 1, 2, $1\boxed{\frac{2}{5}}$

2-1 14, 10, 4, **2-2** 8, 5, 3,
14, 10, 4 8, 5, 3, $1\boxed{\frac{1}{2}}$

3-1 (1) $5\frac{1}{4}$ **3-2** (1) $3\frac{3}{5}$

(2) $3\frac{2}{9}$ (2) $5\frac{3}{10}$

29쪽

1-1 (1) 예

(2) $2\dfrac{2}{3}$

1-2 (1) 예

(2) $\dfrac{4}{8}$

2-1 ; 3

2-2 ; 5, $1\dfrac{2}{3}$

3-1 $2\dfrac{2}{6}$

3-2 $2\dfrac{6}{7}$

27쪽

1-2 2에서 1만큼을 분수로 바꾸면 $1\dfrac{5}{5}$입니다.

2-1 $2-1\dfrac{3}{7}=\dfrac{14}{7}-\dfrac{10}{7}=\dfrac{4}{7}$

2-2 $4-2\dfrac{1}{2}=\dfrac{8}{2}-\dfrac{5}{2}=\dfrac{3}{2}=1\dfrac{1}{2}$

3-1 (1) $6-\dfrac{3}{4}=5\dfrac{4}{4}-\dfrac{3}{4}=5+\dfrac{1}{4}=5\dfrac{1}{4}$

(2) $5-1\dfrac{7}{9}=4\dfrac{9}{9}-1\dfrac{7}{9}=3+\dfrac{2}{9}=3\dfrac{2}{9}$

3-2 (1) $4-\dfrac{2}{5}=3\dfrac{5}{5}-\dfrac{2}{5}=3+\dfrac{3}{5}=3\dfrac{3}{5}$

(2) $9-3\dfrac{7}{10}=8\dfrac{10}{10}-3\dfrac{7}{10}=5+\dfrac{3}{10}=5\dfrac{3}{10}$

29쪽

1-1 (2) $4\dfrac{1}{3}$에서 $1\dfrac{2}{3}$만큼 지우면 2와 $\dfrac{2}{3}$가 남으므로

$4\dfrac{1}{3}-1\dfrac{2}{3}=2\dfrac{2}{3}$입니다.

1-2 (2) $2\dfrac{3}{8}$에서 $1\dfrac{7}{8}$만큼 지우면 $\dfrac{4}{8}$가 남으므로

$2\dfrac{3}{8}-1\dfrac{7}{8}=\dfrac{4}{8}$입니다.

2-2 $4\dfrac{1}{3}$은 $\dfrac{1}{3}$이 13개, $2\dfrac{2}{3}$는 $\dfrac{1}{3}$이 8개이므로

$4\dfrac{1}{3}-2\dfrac{2}{3}$는 $\dfrac{1}{3}$이 $13-8=5$(개)입니다.

3-1 $5\dfrac{1}{6}-\dfrac{17}{6}=\dfrac{31}{6}-\dfrac{17}{6}=\dfrac{14}{6}=2\dfrac{2}{6}$

3-2 $4\dfrac{5}{7}-\dfrac{13}{7}=\dfrac{33}{7}-\dfrac{13}{7}=\dfrac{20}{7}=2\dfrac{6}{7}$

2 STEP 개념 확인하기 30～31쪽

01 (1) $1\dfrac{1}{6}$ (2) $1\dfrac{1}{2}$

02 $3-\dfrac{5}{7}=\dfrac{21}{7}-\dfrac{5}{7}=\dfrac{16}{7}=2\dfrac{2}{7}$

03 $3\dfrac{4}{5}$ **04** (위부터) $5\dfrac{5}{8}$, $3\dfrac{1}{4}$

05 (○) (   ) (○) **06** $17\dfrac{2}{3}$시간

07 (1) $1\dfrac{4}{5}$ (2) $4\dfrac{8}{11}$ **08** $3\dfrac{2}{3}$

09 <

10 방법1 예 $5\dfrac{1}{4}-3\dfrac{2}{4}=4\dfrac{5}{4}-3\dfrac{2}{4}=1+\dfrac{3}{4}=1\dfrac{3}{4}$

방법2 예 $5\dfrac{1}{4}-3\dfrac{2}{4}=\dfrac{21}{4}-\dfrac{14}{4}=\dfrac{7}{4}=1\dfrac{3}{4}$

11 $1\dfrac{6}{9}$ m **12** $5\dfrac{2}{7}-2\dfrac{6}{7}=2\dfrac{3}{7}$; $2\dfrac{3}{7}$

---

01 (1) $2-\dfrac{5}{6}=1\dfrac{6}{6}-\dfrac{5}{6}=1\dfrac{1}{6}$

(2) $5-3\dfrac{1}{2}=4\dfrac{2}{2}-3\dfrac{1}{2}=1\dfrac{1}{2}$

02 자연수를 가분수로 바꾸어 계산합니다.

03 $8-4\dfrac{1}{5}=7\dfrac{5}{5}-4\dfrac{1}{5}=3\dfrac{4}{5}$

04 $6-\dfrac{3}{8}=5\dfrac{8}{8}-\dfrac{3}{8}=5\dfrac{5}{8}$, $6-2\dfrac{3}{4}=5\dfrac{4}{4}-2\dfrac{3}{4}=3\dfrac{1}{4}$

05 • $3-\dfrac{7}{9}$은 3에서 1보다 작은 수를 빼므로 2와 3 사이일 것입니다.

• $8-6\dfrac{1}{2}$은 8에서 6보다 조금 큰 수를 빼므로 1과 2 사이일 것입니다.

• $5-2\dfrac{3}{7}$은 5에서 2보다 조금 큰 수를 빼므로 2와 3 사이일 것입니다.

따라서 어림한 결과가 2와 3 사이인 뺄셈식은

$3-\dfrac{7}{9}$, $5-2\dfrac{3}{7}$입니다.

06 하루는 24시간이므로 은하가 학교에 있지 않았던 시간은 $24-6\frac{1}{3}=23\frac{3}{3}-6\frac{1}{3}=17\frac{2}{3}$(시간)입니다.

07 (1) $4\frac{2}{5}-2\frac{3}{5}=3\frac{7}{5}-2\frac{3}{5}=1\frac{4}{5}$

(2) $7\frac{6}{11}-\frac{31}{11}=\frac{83}{11}-\frac{31}{11}=\frac{52}{11}=4\frac{8}{11}$

08 $9\frac{1}{3}-5\frac{2}{3}=8\frac{4}{3}-5\frac{2}{3}=3\frac{2}{3}$

09 $6\frac{1}{8}-3\frac{4}{8}$에서 $6-3=3$이고, $\frac{1}{8}$에서 $\frac{4}{8}$를 뺄 수 없으므로 결과는 3보다 작습니다.

10 서술형 가이드 분수의 뺄셈을 서로 다른 2가지 방법으로 계산할 수 있어야 합니다.

채점기준		
서로 다른 2가지 방법으로 바르게 계산함.	상
1가지 방법으로 바르게 계산함.	중
계산을 하지 못함.	하

11 (남은 색 테이프)
= (처음 색 테이프) − (사용한 색 테이프)
$=3\frac{5}{9}-1\frac{8}{9}=2\frac{14}{9}-1\frac{8}{9}=1\frac{6}{9}$ (m)

12 서술형 가이드 차가 크게 되는 뺄셈식을 만들 수 있어야 합니다.

채점기준		
차가 크게 되는 식을 세워 답을 바르게 구함.	상
차가 크게 되는 식을 세웠으나 실수하여 답이 틀림.	중
차가 크게 되는 식을 세우지 못함.	하

가장 큰 수에서 가장 작은 수를 빼야 하므로 차가 가장 큰 뺄셈식은 $5\frac{2}{7}-2\frac{6}{7}=2\frac{3}{7}$입니다.

---

3 STEP 단원마무리 평가   32~35쪽

01 $\frac{2}{7}$

02 예  ; $1\frac{1}{5}$

03 13, 11, 2, 13, 11, 2

04 (1) $\frac{9}{10}$ (2) $7\frac{6}{9}$ **05** (1) $2\frac{3}{10}$ (2) $3\frac{1}{4}$

06 $8-4\frac{3}{5}=\frac{40}{5}-\frac{23}{5}=\frac{17}{5}=3\frac{2}{5}$

07 $6\frac{4}{7}$ **08** (   )(   )(○)

09 ③

---

10 예 $\frac{4}{9}$는 $\frac{1}{9}$이 4개, $\frac{1}{9}$은 $\frac{1}{9}$이 1개이므로 $\frac{4}{9}+\frac{1}{9}$은 $\frac{1}{9}$이 5개인 $\frac{5}{9}$야.

11 <   **12** $2\frac{1}{9}$

13 $1\frac{6}{15}$, $\frac{5}{15}$ **14** $4\frac{3}{10}$

15 $7\frac{3}{5}-\frac{14}{5}=4\frac{4}{5}$; $4\frac{4}{5}$ km

16 $1\frac{7}{8}$ cm   **17** $3\frac{6}{11}$

18 $7-\boxed{2}\frac{\boxed{5}}{10}$; $4\frac{5}{10}$ **19** 1, 2

20 $2\frac{3}{5}$, $1\frac{2}{5}$ 또는 $1\frac{2}{5}$, $2\frac{3}{5}$

창의·융합 문제

❶ $2\frac{2}{4}$ kg   **❷** (1) 예 1, 3   (2) 예 2, 5

01 $\frac{6}{7}$은 $\frac{1}{7}$이 6개, $\frac{4}{7}$는 $\frac{1}{7}$이 4개이므로 $\frac{6}{7}-\frac{4}{7}$는 $\frac{1}{7}$이 $6-4=2$(개)인 $\frac{2}{7}$입니다.

02 $\frac{2}{5}$는 $\frac{1}{5}$이 2개, $\frac{4}{5}$는 $\frac{1}{5}$이 4개이므로 $\frac{2}{5}+\frac{4}{5}$는 $\frac{1}{5}$이 $2+4=6$(개)인 $\frac{6}{5}=1\frac{1}{5}$입니다.

04 (1) $\frac{6}{10}+\frac{3}{10}=\frac{6+3}{10}=\frac{9}{10}$

(2) $6\frac{4}{9}+1\frac{2}{9}=7+\frac{6}{9}=7\frac{6}{9}$

05 (1) $3-\frac{7}{10}=2\frac{10}{10}-\frac{7}{10}=2\frac{3}{10}$

(2) $5\frac{3}{4}-2\frac{2}{4}=3+\frac{1}{4}=3\frac{1}{4}$

06 자연수와 대분수를 가분수로 바꾸어 계산합니다.

07 $2\frac{5}{7}+\frac{27}{7}=\frac{19}{7}+\frac{27}{7}=\frac{46}{7}=6\frac{4}{7}$

08 • $1-\frac{4}{5}$는 1에서 1보다 작은 수를 빼므로 1보다 작을 것입니다.
 • $1\frac{1}{2}+1\frac{1}{2}$은 $1+1=2$이고 $\frac{1}{2}+\frac{1}{2}=1$이므로 $2+1=3$입니다.
 • $4\frac{1}{6}-2\frac{5}{6}$는 $4-2=2$이고 $\frac{1}{6}$보다 $\frac{5}{6}$가 크므로 2보다 작을 것입니다.
따라서 어림한 결과가 1과 2 사이인 식은 $4\frac{1}{6}-2\frac{5}{6}$입니다.

09 ③ $4-\frac{1}{3}=3\frac{3}{3}-\frac{1}{3}=3\frac{2}{3}$

10 서술형 가이드 분모가 같은 분수의 덧셈 방법을 알고 틀린 이유를 설명해야 합니다.

채점기준		
틀린 이유를 바르게 설명함.	상
틀린 이유를 알고 있으나 설명이 미흡함.	중
틀린 이유를 몰라 설명하지 못함.	하

11 $6\frac{5}{8}-2\frac{1}{8}=4\frac{4}{8}$, $10\frac{2}{8}-5\frac{5}{8}=4\frac{5}{8}$ $\Rightarrow 4\frac{4}{8}<4\frac{5}{8}$

12 $\square=6-3\frac{8}{9}=5\frac{9}{9}-3\frac{8}{9}=2+\frac{1}{9}=2\frac{1}{9}$

13 합: $\frac{13}{15}+\frac{8}{15}=\frac{21}{15}=1\frac{6}{15}$, 차: $\frac{13}{15}-\frac{8}{15}=\frac{5}{15}$

14 $\bigstar=1\frac{7}{10}+2\frac{6}{10}=3+\frac{13}{10}=3+1\frac{3}{10}=4\frac{3}{10}$

15 서술형 가이드 알맞은 식을 세워 계산을 하여 답을 구해야 합니다.

채점기준		
$7\frac{3}{5}-\frac{14}{5}=4\frac{4}{5}$를 세워 답을 바르게 구함.	상
$7\frac{3}{5}-\frac{14}{5}$를 세웠으나 실수하여 답이 틀림.	중
$7\frac{3}{5}-\frac{14}{5}$를 세우지 못함.	하

16 $\frac{5}{8}+\frac{5}{8}+\frac{5}{8}=\frac{5+5+5}{8}=\frac{15}{8}=1\frac{7}{8}$ (cm)

17 $6\frac{8}{11}+\square=10\frac{3}{11}$

$\Rightarrow \square=10\frac{3}{11}-6\frac{8}{11}=9\frac{14}{11}-6\frac{8}{11}=3\frac{6}{11}$

18 계산 결과가 가장 크려면 가장 작은 수를 빼야 합니다.

따라서 만들 수 있는 가장 작은 대분수는 $2\frac{5}{10}$이므로

$7-2\frac{5}{10}=6\frac{10}{10}-2\frac{5}{10}=4\frac{5}{10}$입니다.

19 $\frac{6}{9}+\frac{\square}{9}=\frac{6+\square}{9}$에서 $6+\square<9$입니다.

따라서 □ 안에 들어갈 수 있는 숫자는 1, 2입니다.

20 자연수끼리의 합이 3, 분수끼리의 합이 1이 되는 두 수를 고릅니다.

창의·융합문제

1 식빵 1개를 만들려면 $\frac{1}{4}$ kg의 밀가루가 필요하므로 식빵 10개를 만들 때 필요한 밀가루의 양은

$\frac{1}{4}+\frac{1}{4}+\cdots\cdots+\frac{1}{4}=\frac{10}{4}=2\frac{2}{4}$ (kg)입니다.

2 (1) $1=\frac{4}{4}$이므로 합이 4인 두 수를 분자로 하는 덧셈식을 만듭니다.

(2) $1=\frac{7}{7}$이므로 합이 7인 두 수를 분자로 하는 덧셈식을 만듭니다.

---

2 삼각형

1 STEP 개념 파헤치기
39~43쪽

39쪽

1-1 다 / 나　　　　　**1-2** 가, 다 / 나
2-1 7　　　　　　　　**2-2** 11
3-1 4　　　　　　　　**3-2** 5, 5

41쪽

1-1
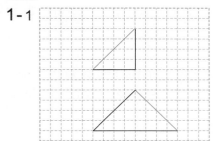

1-2 예
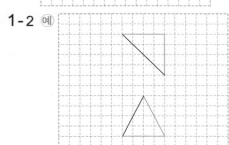

2-1 35　　　　　　　**2-2** 80
3-1 　　　　　　　　**3-2**

43쪽

1-1 (1)
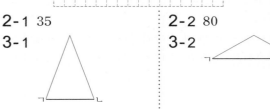

(2) 같습니다에 ○표

1-2 (1) 예

(2) 같고에 ○표, 60°에 ○표

2- 1 60, 60   **2- 2** 60, 60

3- 1   **3- 2** (예)

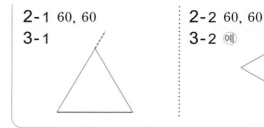

39쪽

1- 2 삼각형의 세 변 중 두 변의 길이만 같은 삼각형은 가, 다이고, 세 변의 길이가 모두 같은 삼각형은 나입니다.

> 주의
>
> 두 변의 길이만 같은 삼각형을 찾을 때 세 변의 길이가 모두 같은 삼각형을 포함시키지 않도록 주의합니다.

2- 1 생각 열기 두 변의 길이가 같은 삼각형을 이등변삼각형이라고 합니다.

이등변삼각형은 두 변의 길이가 같으므로 □=7입니다.

2- 2 이등변삼각형은 두 변의 길이가 같으므로 □=11입니다.

3- 1 생각 열기 세 변의 길이가 같은 삼각형을 정삼각형이라고 합니다.

정삼각형은 세 변의 길이가 같으므로 □=4입니다.

3- 2 정삼각형은 세 변의 길이가 같으므로 □=5입니다.

41쪽

1- 2 생각 열기 모눈의 칸수를 이용하여 두 변의 길이가 같은 삼각형을 그릴 수 있습니다.

두 변의 길이가 같은 삼각형을 그려 봅니다.

> 참고
>
> 주어진 변과 같은 길이의 변을 1개 더 긋거나 나머지 두 변의 길이를 같게 하여 삼각형을 그립니다.

2- 1 생각 열기 이등변삼각형에서 길이가 같은 두 변과 함께 하는 두 각의 크기가 같습니다.

이등변삼각형은 두 각의 크기가 같으므로 □°=35°입니다.

2- 2 이등변삼각형은 두 각의 크기가 같으므로 □°=80°입니다.

3- 1 두 각의 크기가 70°인 삼각형을 그려야 합니다.

3- 2 선분 ㄱㄴ의 양 끝에 각각 30°인 각을 그리고, 두 각

의 변이 만나는 점을 찾아 이등변삼각형을 완성합니다.

43쪽

1- 1 정삼각형의 각의 크기를 재어 보면 모두 60°로 세 각의 크기가 같습니다.

1- 2 (1) 세 변의 길이가 같은 삼각형을 그립니다.
(2) 정삼각형의 세 각의 크기는 같습니다.

2- 2 정삼각형의 세 각의 크기는 같고 한 각의 크기는 60°입니다.

> 참고
>
> 정삼각형의 세 각의 크기는 같고 삼각형의 세 각의 크기의 합은 180°입니다. 따라서 정삼각형의 한 각의 크기는 180°÷3=60°입니다.

3- 2 주어진 변과 같은 길이의 변을 그어 정삼각형을 그려 봅니다.

2 STEP 개념 확인하기   44~45쪽

01 나, 다, 라, 바   **02** 라, 바

03 (왼쪽부터) 11, 7   **04** 연아

05 (예)

06 30, 30   **07** (예)

08 (예) 나머지 한 각의 크기가 60°이므로 크기가 같은 두 각이 없습니다.

09 180, 60, 60

10 (예)   **11** (예)

12 (1) 60°   (2) 39 cm

01 생각 열기 모눈의 칸수를 세어 변의 길이를 비교합니다.
두 변의 길이가 같은 삼각형을 찾으면 **가, 나, 다, 라, 바**입니다.

02 세 변의 길이가 같은 삼각형을 찾으면 **라, 바**입니다.

03 • 이등변삼각형은 두 변의 길이가 같으므로 왼쪽 삼각형의 □=**11**입니다.
　• 정삼각형은 세 변의 길이가 같으므로 오른쪽 삼각형의 □=**7**입니다.

04 생각 열기 두 변의 길이가 같은 삼각형을 이등변삼각형이라고 합니다.
길이가 같은 막대가 2개는 있어야 이등변삼각형을 만들 수 있습니다. 따라서 이등변삼각형을 만들 수 있는 사람은 **연아**입니다.

05 생각 열기 두 변의 길이가 같은 삼각형을 그립니다.
주어진 변과 같은 길이의 변을 1개 더 긋거나 나머지 두 변의 길이를 같게 하여 삼각형을 그립니다.

참고
모눈의 칸수를 세어 두 변의 길이를 같게 그립니다.

06 이등변삼각형은 두 각의 크기가 같습니다.
따라서 모르는 두 각의 크기는 각각 같으므로
$\Box^\circ + \Box^\circ + 120^\circ = 180^\circ \Rightarrow \Box^\circ + \Box^\circ = 180^\circ - 120^\circ$,
$\Box^\circ + \Box^\circ = 60^\circ$, $\Box^\circ = 30^\circ$입니다.

07 생각 열기 두 각의 크기가 50°인 이등변삼각형입니다.
주어진 선분의 양 끝에 각각 50°인 각을 그리고, 두 각의 변이 만나는 점을 찾아 이등변삼각형을 그립니다.

08 서술형 가이드 이등변삼각형을 이해하여 이등변삼각형이 아닌 이유를 설명해야 합니다.

채점기준		
이등변삼각형을 알고 아닌 이유를 바르게 설명함.	상	
이등변삼각형을 알고 있으나 이유 설명이 부족함.	중	
이등변삼각형을 몰라 이유를 설명하지 못함.	하	

참고
삼각형의 나머지 한 각의 크기는
$180^\circ - 90^\circ - 30^\circ = 60^\circ$입니다.

09 정삼각형의 세 각의 크기는 같습니다.

10~11 컴퍼스와 자, 각도기와 자를 각각 사용하여 세 변의 길이가 같은 삼각형을 그려 봅니다.

12 (1) 삼각형의 세 각의 크기의 합은 180°이므로
　　$\bigcirc = 180^\circ - 60^\circ - 60^\circ = 60^\circ$입니다.
　(2) 주어진 삼각형은 세 각의 크기가 같으므로 정삼각형이고 세 변의 길이가 같습니다.
　　따라서 삼각형의 세 변의 길이의 합은
　　$13 + 13 + 13 = 39$ (cm)입니다.

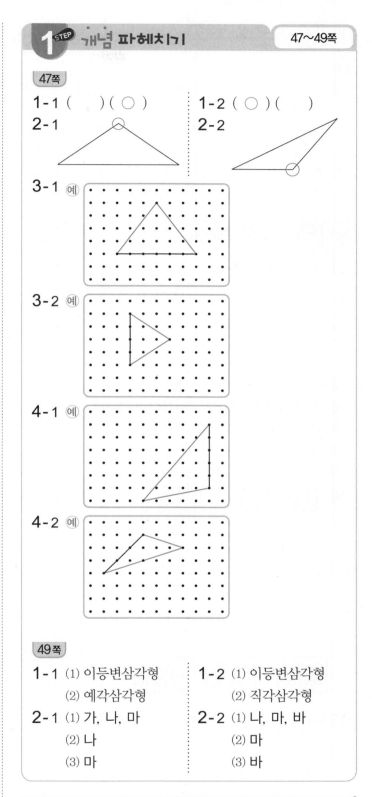

1 STEP 개념 파헤치기 47~49쪽

47쪽

1-1 (　) (○) 　　**1-2** (○) (　)

2-1 　　　　　　　　　　**2-2**

3-1 예

3-2 예

4-1 예

4-2 예

49쪽

1-1 (1) 이등변삼각형　　**1-2** (1) 이등변삼각형
　　(2) 예각삼각형　　　　　(2) 직각삼각형
2-1 (1) 가, 나, 마　　**2-2** (1) 나, 마, 바
　　(2) 나　　　　　　　(2) 마
　　(3) 마　　　　　　　(3) 바

47쪽

1-2 예각삼각형은 세 각이 모두 예각인 삼각형입니다.

2-2 생각 열기 둔각은 90°보다 크고 180°보다 작은 각입니다.
둔각삼각형은 한 각이 둔각인 삼각형입니다.

3-2 세 각이 모두 예각이 되도록 삼각형을 그려 봅니다.

4-2 한 각이 둔각이 되도록 삼각형을 그려 봅니다.

꼼꼼 풀이집

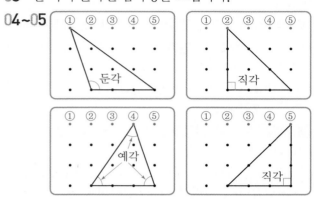

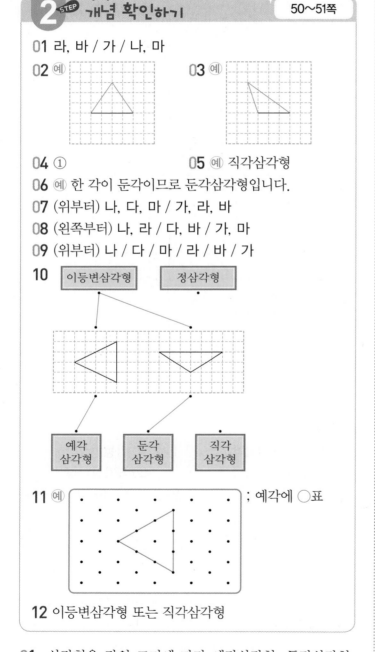

1-2 (1) 두 변의 길이가 같은 삼각형을 이등변삼각형이라 고 합니다.

(2) 한 각이 직각인 삼각형을 직각삼각형이라고 합니 다.

2-2 변의 길이가 모두 다른 삼각형을 찾은 다음, 각의 크 기에 따라 삼각형을 분류해 봅니다.

2 STEP 개념 확인하기   50~51쪽

01 라, 바 / 가 / 나, 마

02 예

03 예

04 ①

05 예 직각삼각형

06 예 한 각이 둔각이므로 둔각삼각형입니다.

07 (위부터) 나, 다, 마 / 가, 라, 바

08 (왼쪽부터) 나, 라 / 다, 바 / 가, 마

09 (위부터) 나 / 다 / 마 / 라 / 바 / 가

10

| 이등변삼각형 | 정삼각형 |

| 예각삼각형 | 둔각삼각형 | 직각삼각형 |

11 예   ; 예각에 ○표

12 이등변삼각형 또는 직각삼각형

01 삼각형을 각의 크기에 따라 예각삼각형, 둔각삼각형, 직각삼각형으로 분류할 수 있습니다.

02 세 각이 모두 예각인 삼각형을 그립니다.

03 한 각이 둔각인 삼각형을 그립니다.

04~05

04 둔각삼각형은 한 각이 둔각이어야 하므로 한 각이 둔 각이 되도록 꼭짓점 ③을 ①로 옮겨야 합니다.

05 꼭짓점 ③을 꼭짓점 ⑤로 옮기면 한 각이 직각인 삼각 형이 되므로 **직각삼각형**이 됩니다.

06 서술형 가이드   주어진 삼각형이 어떤 삼각형인지 알고 틀린 설명을 바르게 고쳐야 합니다.

채 점 기 준	틀린 이유를 알고 바르게 설명함.	상
	틀린 이유를 알고 있으나 설명이 미흡함.	중
	틀린 이유를 몰라 설명하지 못함.	하

07 생각 열기   삼각형의 두 변의 길이가 같은지, 세 변의 길이 가 모두 다른지 살펴 분류해 봅니다.

두 변의 길이가 같은 삼각형은 **나, 다, 마**이고 세 변의 길이가 모두 다른 삼각형은 **가, 라, 바**입니다.

08 생각 열기   삼각형의 세 각 중 세 각이 모두 예각인지, 둔각 이 있는지, 직각이 있는지 살펴 분류해 봅니다.

세 각이 모두 예각인 예각삼각형은 **나, 라**이고 한 각이 둔각인 둔각삼각형은 **다, 바**이고, 한 각이 직각인 직각 삼각형은 **가, 마**입니다.

09 변의 길이와 각의 크기에 따라 삼각형을 분류해 봅니다.

10 이등변삼각형: 두 변의 길이가 같은 삼각형
정삼각형: 세 변의 길이가 같은 삼각형
예각삼각형: 세 각이 모두 예각인 삼각형
둔각삼각형: 한 각이 둔각인 삼각형
직각삼각형: 한 각이 직각인 삼각형

11 그린 정삼각형의 세 각의 크기를 재어 보면 모두 예각 이므로 예각삼각형입니다.

12 • 삼각형의 두 각의 크기가 같으므로 **이등변삼각형**입 니다.
• 지워진 부분에 있는 나머지 한 각의 크기는 $180° - 45° - 45° = 90°$이므로 **직각삼각형**입니다.

3 STEP 단원마무리 평가 　　52~55쪽

01 6　　　　02 (위부터) 60, 5
03 (왼쪽부터) 둔, 직, 예, 직
04 ②　　　　05 2개
06 1개
07 예

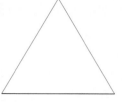

08 60, 예각

09
	예각삼각형	둔각삼각형	직각삼각형
이등변삼각형	다	라	바
세 변의 길이가 모두 다른 삼각형	가	마	나

10

11 27 cm
12 ①
13 70
14 예

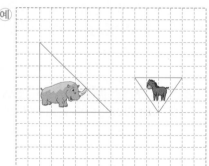

15 2개
16 예

17 예 정삼각형, 예각삼각형
18 ㄷ, ㄹ
19 예 세 변의 길이가 모두 같습니다. /
　　예 세 삼각형의 변의 길이가 서로 다릅니다.
20 9 cm, 9 cm

창의·융합문제

❶ 예
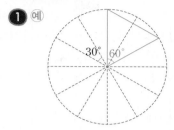

❷ 예
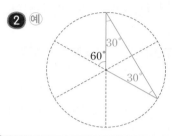

01 이등변삼각형은 두 변의 길이가 같으므로 길이가 같은 변을 찾으면 □=6입니다.
02 정삼각형은 세 변의 길이가 같으므로 변의 길이는 모두 5 cm이고, 세 각의 크기가 같으므로 각의 크기는 모두 60°입니다.
03
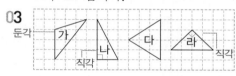

가는 한 각이 둔각인 둔각삼각형이고,
나는 한 각이 직각인 직각삼각형이고,
다는 세 각이 모두 예각인 예각삼각형이고,
라는 한 각이 직각인 직각삼각형입니다.

참고
· 예각삼각형: 세 각이 모두 예각인 삼각형
· 둔각삼각형: 한 각이 둔각인 삼각형
· 직각삼각형: 한 각이 직각인 삼각형

04 주어진 선분과 점 ①, ④를 각각 연결하여 그린 삼각형은 둔각삼각형이고, 점 ②를 연결하여 그린 삼각형은 예각삼각형이고, 점 ③을 연결하여 그린 삼각형은 직각삼각형입니다.
05~06
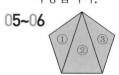

· 둔각삼각형 ⇨ ①, ③ ⇨ 2개
· 예각삼각형 ⇨ ② ⇨ 1개
07 컴퍼스를 3 cm만큼 벌려 원의 일부분을 이용하여 정삼각형을 그려 봅니다.

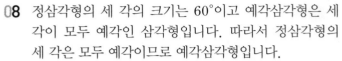

08 정삼각형의 세 각의 크기는 60°이고 예각삼각형은 세 각이 모두 예각인 삼각형입니다. 따라서 정삼각형의 세 각은 모두 예각이므로 예각삼각형입니다.

09 삼각형을 변의 길이에 따라, 각의 크기에 따라 각각 분류해 봅니다.

10 사각형의 꼭짓점을 이어 세 각이 모두 예각인 예각삼각형과 한 각이 둔각인 둔각삼각형을 만들어 봅니다.

> **주의**
>
> 사각형을 삼각형 2개로 나누려면 꼭짓점과 꼭짓점을 이어야 합니다.

11 정삼각형은 세 변의 길이가 같으므로 세 변의 길이의 합은 9+9+9=27(cm)입니다.

> **다른 풀이**
>
> 정삼각형은 길이가 같은 변이 3개이므로 세 변의 길이의 합은 9×3=27(cm)입니다.

12 ② 예각삼각형은 세 각이 모두 예각인 삼각형입니다.
③ 둔각삼각형은 한 각이 둔각인 삼각형입니다.
④ 이등변삼각형 중에는 둔각삼각형인 것도 있습니다.
⑤ 한 각이 직각인 삼각형을 직각삼각형이라고 합니다.

13 생각 열기 이등변삼각형은 두 각의 크기가 같습니다.

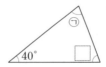

이등변삼각형이므로 ㉠=□
□+□+40°=180°,
□+□=140°, □=70°

14 생각 열기 이등변삼각형은 두 변의 길이가 같은 삼각형입니다.
모눈의 칸수를 이용하여 각각의 동물을 둘러싸는 이등변삼각형을 그려 봅니다.

15

- 예각삼각형: ②, ③(2개)
- 둔각삼각형: ④, ⑤(2개)
- 직각삼각형: ①, ⑥(2개)

16 두 변의 길이가 같은 삼각형은 이등변삼각형입니다. 한 각이 둔각인 삼각형은 둔각삼각형입니다. 따라서 이등변삼각형이면서 둔각삼각형을 그립니다.

17 길이가 같은 세 개의 빨대로 만들 수 있는 삼각형은 세 변의 길이가 같은 **정삼각형**입니다. 정삼각형은 세 각의 크기가 60°로 예각이므로 **예각삼각형**입니다.

18 생각 열기 각각의 삼각형의 나머지 한 각의 크기를 알아봅니다.
삼각형의 세 각의 크기의 합은 180°임을 이용하여 나머지 한 각의 크기를 구해 보면
㉠ 60°, 70°, 50°   ㉡ 90°, 20°, 70°
㉢ 40°, 40°, 100°   ㉣ 100°, 15°, 65°
따라서 둔각삼각형은 ㉢, ㉣입니다.

19 서술형 가이드 세 삼각형을 보고 같은 점과 다른 점을 찾아 설명할 수 있어야 합니다.

채점기준	같은 점과 다른 점을 각각 바르게 설명함.	상
	같은 점과 다른 점 중 한 가지만 바르게 설명함.	중
	같은 점과 다른 점을 설명하지 못함.	하

20 이등변삼각형의 길이가 같은 변을 □cm라고 하면
□+□+12=30, □+□=18, □=9입니다.
따라서 나머지 두 변의 길이는 각각 **9 cm**입니다.

창의·융합문제

1 이등변삼각형의 크기가 같은 두 각 중 한 각의 크기가 60°라 하면 180°−60°−60°=60°로 나머지 한 각의 크기도 60°입니다. 60°는 30°를 2번 포함합니다. 따라서 30°가 2번 포함되는 반지름을 두 변으로 하는 삼각형을 그립니다.

> **참고**
>
> 반지름을 이용하여 그린 삼각형은 모두 이등변삼각형입니다. 원의 반지름의 길이는 모두 같기 때문입니다.

2 이등변삼각형의 크기가 같은 두 각 중 한 각의 크기가 30°라 하면 180°−30°−30°=120°로 나머지 한 각의 크기는 120°입니다. 120°는 60°를 2번 포함합니다. 따라서 60°가 2번 포함되는 반지름을 두 변으로 하는 삼각형을 그립니다.

> **참고**
>
> 이등변삼각형의 크기가 다른 한 각을 30°라 하면 나머지 두 각의 크기는 180°−30°=150°,
> 150°÷2=75°이므로 각각 75°입니다. 주어진 그림으로 75°인 각을 그릴 수 없습니다.

❸ 소수의 덧셈과 뺄셈

1 STEP 개념 파헤치기   59~61쪽

59쪽

1-1 100, 0.01
2-1 (○)(○)
3-1 ⬜1⬜ . ⬜4⬜ ⬜7⬜
4-1 둘째, 0.03

1-2 0.01
2-2 (○)( )
3-2 5.06
4-2 (1) 4
　　(2) 8, 0.08

61쪽

1-1 0.001
2-1 영 점 팔일사
3-1 (1) 2
　　(2) 0.9
　　(3) 0.05
　　(4) 7

1-2 0.001
2-2 구 점 영오이
3-2 (1) 6
　　(2) 0.1
　　(3) 8, 0.08
　　(4) 3, 0.003

59쪽

1-1 전체 크기가 1인 모눈종이가 100칸으로 나뉘어져 있고 그중 1칸이 색칠되어 있으므로 색칠한 부분의 크기는 분수로 $\dfrac{1}{100}$ 입니다.

분수 $\dfrac{1}{100}$ 은 소수 0.01과 같으므로 색칠한 부분의 크기는 소수로 0.01입니다.

1-2 소수 0.1이 10등분 되어 0부터 1까지 100등분 된 것이므로 분수로 $\dfrac{1}{100}$ 이고 소수로 0.01입니다.

2-1 생각 열기 모눈 1칸의 크기는 0.01입니다.
왼쪽: 모눈종이에 0.01을 64칸 색칠했으므로 0.64를 나타낸 것입니다.
오른쪽: 모눈종이에 0.1을 6칸, 0.01을 4칸 색칠했으므로 0.64를 나타낸 것입니다.

2-2 왼쪽: 0.1을 3칸, 0.01을 8칸 색칠했으므로 0.38을 나타낸 것입니다.
오른쪽: 0.1을 8칸, 0.01을 3칸 색칠했으므로 0.83을 나타낸 것입니다.

3-1 일 점 사칠 ⇨ 1.47
3-2 오 점 영육 ⇨ 5.06
4-1 0.7 3
　　→ 소수 첫째 자리 숫자이고, 0.7을 나타냅니다.
　　→ 소수 둘째 자리 숫자이고, 0.03을 나타냅니다.

4-2 4.0 8
　　→ 일의 자리 숫자이고, 4를 나타냅니다.
　　→ 소수 둘째 자리 숫자이고, 0.08을 나타냅니다.

61쪽

1-1 1을 1000등분한 것 중 1칸은 $\dfrac{1}{1000}$ 이고

분수 $\dfrac{1}{1000}$ 은 소수로 0.001이라 씁니다.

1-2 전체 1을 똑같이 1000으로 나눈 것 중 1이므로 분수로 $\dfrac{1}{1000}$ 이고 소수로 0.001입니다.

2-1 0.814 ⇨ 영 점 팔일사

2-2 9.052 ⇨ 구 점 영오이

> **주의**
> 소수를 읽을 때 소수점 오른쪽에 있는 숫자 0도 빠뜨리지 않고 읽어 줍니다.

3-1 2.9 5 7
　　→ 일의 자리 숫자이고, 2를 나타냅니다.
　　→ 소수 첫째 자리 숫자이고, 0.9를 나타냅니다.
　　→ 소수 둘째 자리 숫자이고, 0.05를 나타냅니다.
　　→ 소수 셋째 자리 숫자이고, 0.007을 나타냅니다.

3-2 6.1 8 3
　　→ 일의 자리 숫자이고, 6을 나타냅니다.
　　→ 소수 첫째 자리 숫자이고, 0.1을 나타냅니다.
　　→ 소수 둘째 자리 숫자이고, 0.08을 나타냅니다.
　　→ 소수 셋째 자리 숫자이고, 0.003을 나타냅니다.

2 STEP 개념 확인하기   62~63쪽

01 0.01

02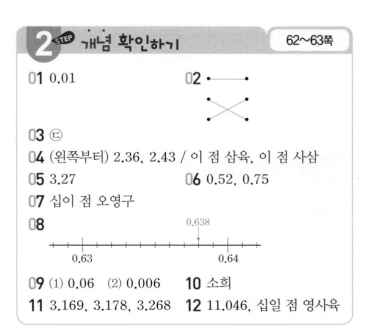

03 ㉢

04 (왼쪽부터) 2.36, 2.43 / 이 점 삼육, 이 점 사삼

05 3.27
06 0.52, 0.75

07 십이 점 오영구

08
0.63　　　　0.638　　　　0.64

09 (1) 0.06　(2) 0.006
10 소희

11 3.169, 3.178, 3.268
12 11.046, 십일 점 영사육

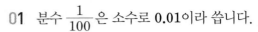

01 분수 $\dfrac{1}{100}$은 소수로 **0.01**이라 씁니다.

02 0.03 ⇨ 영 점 **영삼**, 2.78 ⇨ **이 점 칠팔**, $\dfrac{63}{100}=$**0.63**

03 소수 첫째 자리 숫자를 알아보면 ㉠ **2** ㉡ **3** ㉢ **7**입니다.

04 생각 열기 수직선에서 눈금 한 칸의 크기는 0.01입니다.
　㉠ 2.3에서 6칸만큼 더 간 위치에 있으므로 **2.36**이고,
　　이 점 **삼육**이라고 읽습니다.
　㉡ 2.4에서 3칸만큼 더 간 위치에 있으므로 **2.43**이고,
　　이 점 **사삼**이라고 읽습니다.

05 1이 3개이면 3, 0.1이 2개이면 0.2, 0.01이 7개이면
0.07이므로 **3.27**입니다.

06 생각 열기 수직선에서 작은 눈금 한 칸의 크기는 0.01 m
입니다.
민희: 0.5에서 2칸만큼 더 긴 길이이므로 **0.52** m입니다.
현승: 0.7에서 5칸만큼 더 긴 길이이므로 **0.75** m입니다.

07 소수점 오른쪽에 있는 숫자 0도 읽어 줍니다.
12.509 ⇨ **십이 점 오영구**

08 수직선에서 0.63과 0.64는 0.01 차이가 나는데 10등
분 되어 있으므로 눈금 한 칸의 크기는 0.001입니다.
0.638은 0.63에서 8칸만큼 더 간 곳에 표시합니다.

09 (1) 소수 둘째 자리 숫자이므로 **0.06**을 나타냅니다.
(2) 소수 셋째 자리 숫자이므로 **0.006**을 나타냅니다.

10 소수 셋째 자리 숫자는 **6**입니다.

11 3.168보다 0.001 큰 수는 3.168보다 소수 셋째 자리 숫
자가 1 큰 수이므로 **3.169**입니다.
3.168보다 0.01 큰 수는 3.168보다 소수 둘째 자리 숫
자가 1 큰 수이므로 **3.178**입니다.
3.168보다 0.1 큰 수는 3.168보다 소수 첫째 자리 숫
자가 1 큰 수이므로 **3.268**입니다.

12 분수 $11\dfrac{46}{1000}$은 소수로 **11.046**이라 쓰고, **십일 점 영**
사육이라고 읽습니다.

---

1 STEP 개념 파헤치기　65~69쪽

65쪽

1-1 (1) 예 0.48　　(2) >

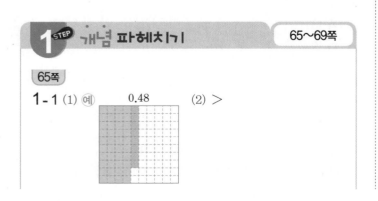

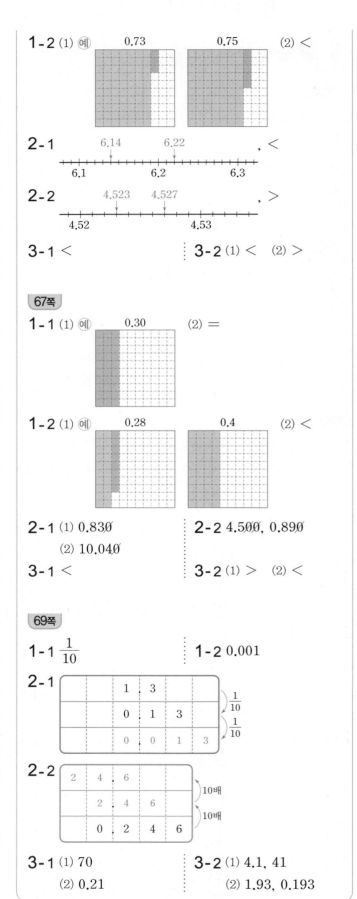

1-2 (1) 예　0.73　　0.75　　(2) <

2-1 6.14　6.22　, <
6.1　6.2　6.3

2-2 4.523　4.527　, >
4.52　4.53

3-1 <　　　　**3-2** (1) <　(2) >

67쪽

1-1 (1) 예 0.30　　(2) =

1-2 (1) 예　0.28　　0.4　　(2) <

2-1 (1) 0.83̸0̸　　**2-2** 4.5̸0̸0̸, 0.89̸0̸
(2) 10.04̸0̸

3-1 <　　　　**3-2** (1) >　(2) <

69쪽

1-1 $\dfrac{1}{10}$　　**1-2** 0.001

2-1

	1	3	
	0	1	3
0	0	1	3

$\dfrac{1}{10}$ $\dfrac{1}{10}$

2-2

2	4	6	
	2	4	6
0	2	4	6

10배 10배

3-1 (1) 70　　**3-2** (1) 4.1, 41
(2) 0.21　　　　(2) 1.93, 0.193

65쪽

1-1 (1) 0.48 ⇨ 모눈종이에 48칸을 색칠합니다.

(2) 0.61＞0.48
└6＞4┘

1-2 (1) 0.73 ⇨ 모눈종이에 73칸을 색칠합니다.

0.75 ⇨ 모눈종이에 75칸을 색칠합니다.

(2) 0.73＜0.75
└3＜5┘

2-1 6.22가 6.14보다 오른쪽에 있으므로 6.22가 더 큽니다.

⇨ 6.14＜6.22
└1＜2┘

2-2 4.527이 4.523보다 오른쪽에 있으므로 4.527이 더 큽니다.

⇨ 4.527＞4.523
└7＞3┘

3-1 자연수 부분과 소수 첫째 자리 수가 같으므로 소수 둘째 자리 수를 비교합니다.

⇨ 5.379＜5.384
└7＜8┘

3-2 (1) 자연수 부분이 8로 같으므로 소수 첫째 자리 수를 비교합니다.

⇨ 8.029＜8.156
└0＜1┘

(2) 자연수 부분, 소수 첫째 자리 수, 소수 둘째 자리 수가 같으므로 소수 셋째 자리 수를 비교합니다.

⇨ 1.639＞1.632
└9＞2┘

67쪽

1-1 (1) 0.30 ⇨ 모눈종이에 30칸을 색칠합니다.

(2) 0.3과 0.30은 색칠한 크기가 같으므로 같은 수입니다.

1-2 (1) 0.28 ⇨ 모눈종이에 28칸을 색칠합니다.

0.4 ⇨ 모눈종이에 40칸을 색칠합니다.

(2) 0.28＜0.4
└2＜4┘

주의

소수점 오른쪽의 수를 비교하면 28＞4이므로 0.28이 더 큰 수라고 생각하지 않도록 주의합니다. 0.4는 0.40과 같으므로 0.28과 0.40의 소수 첫째 자리 수를 비교하면 2＜4이므로 0.4가 더 큰 수입니다.

2-1 (1) 0.83̸0=0.83   (2) 10.04̸0=10.04

2-2 소수점의 오른쪽 끝자리 숫자 0은 생략하여 나타낼 수 있습니다. ⇨ 4.50̸0=4.5, 0.89̸0=0.89

참고

6.02에서 0은 오른쪽 끝자리 숫자가 아니므로 생략할 수 없습니다.

3-1 자연수 부분과 소수 첫째 자리 수가 같으므로 소수 둘째 자리 수를 비교합니다.

⇨ 2.518＜2.54
└1＜4┘

3-2 (1) 1.86＞1.839
└6＞3┘

(2) 3.27=3.270이므로 3.270＜3.271입니다.
└0＜1┘

69쪽

2-1 생각 열기 소수의 $\frac{1}{10}$을 구하면 소수점을 기준으로 수가 오른쪽으로 한 자리씩 이동합니다.

1.3의 $\frac{1}{10}$은 0.13, 0.13의 $\frac{1}{10}$은 0.013입니다.

2-2 생각 열기 소수를 10배 하면 소수점을 기준으로 수가 왼쪽으로 한 자리씩 이동합니다.

0.246의 10배는 2.46, 2.46의 10배는 24.6입니다.

3-1 (1) 0.7의 10배가 7이므로 0.7의 100배는 7의 10배인 **70**입니다.

(2) 21의 $\frac{1}{10}$이 2.1이므로 21의 $\frac{1}{100}$은 2.1의 $\frac{1}{10}$인 **0.21**입니다.

3-2 (1) 0.41의 10배는 4.1이고, 0.41의 100배는 4.1의 10배인 **41**입니다.

(2) 19.3의 $\frac{1}{10}$은 1.93이고, 19.3의 $\frac{1}{100}$은 1.93의 $\frac{1}{10}$인 **0.193**입니다.

2 STEP 개념 확인하기 70~71쪽

01 (1) ＜ (2) ＞   **02** 1.8̸0, 20.0̸

03 61, 80   **04** 2012년

05 소연이네 집   **06** 0.901, 0.857, 0.854

07 ㉡   **08** 10, 100

09 (위부터) 100, 6, 136, 1360

10 (1) 0.43 kg   (2) 0.043 kg

11 ㉠   **12** 7, 0.007, 1000

13 0.306 cm

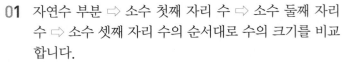

01 자연수 부분 ⇨ 소수 첫째 자리 수 ⇨ 소수 둘째 자리 수 ⇨ 소수 셋째 자리 수의 순서대로 수의 크기를 비교합니다.

(1) 0.25 < 0.27
　　　└5<7┘

(2) 3.6 > 3.08
　　　└6>0┘

02 소수점의 오른쪽 끝자리 숫자 0은 생략하여 나타낼 수 있습니다.

⇨ 1.8̸0̸=1.8, 20.0̸=20

> **주의**
> 20.0에서 20.0̸으로 표시하지 않도록 주의합니다. 소수점의 오른쪽 끝자리 숫자 0만 생략할 수 있으므로 일의 자리 숫자 0은 생략할 수 없습니다.

03 0.61은 0.01이 **61**개인 수이고, 0.8은 0.01이 **80**개인 수이므로 0.8이 0.61보다 더 큽니다.

04 달리기 기록은 수가 작을수록 좋은 것입니다.
19.19 < 19.55이므로 달리기 기록이 더 좋은 해는 **2012년**입니다.

05 첫 번째 갈림길에서 6.1>5.7이므로 6.1을 지나갑니다.
두 번째 갈림길에서 0.784<0.785이므로 0.785를 지나가면 도착하는 곳은 **소연이네 집**입니다.

06 자연수 부분이 0으로 모두 같으므로 소수 첫째 자리 수를 비교하면 9>8이므로 0.901이 가장 큽니다.
0.857과 0.854는 자연수 부분, 소수 첫째 자리 수, 소수 둘째 자리 수가 같으므로 소수 셋째 자리 수를 비교하면 7>4이므로 0.857>0.854입니다.

07 ㉠ 0.27
㉡ 0.001이 207개인 수: 0.207
⇨ 0.207<0.27이므로 ㉡이 더 작습니다.

08 [생각 열기] 소수점을 기준으로 수가 어느 방향으로 얼마만큼씩 이동했는지 살펴봅니다.
4.2는 0.42보다 소수점을 기준으로 수가 왼쪽으로 한 자리씩 이동했으므로 4.2는 0.42의 10배입니다.
42는 0.42보다 소수점을 기준으로 수가 왼쪽으로 두 자리씩 이동했으므로 42는 0.42의 100배입니다.
따라서 0.42의 **10**배는 4.2이고, 0.42의 **100**배는 42입니다.

09 [생각 열기] 소수를 10배 하면 소수점을 기준으로 수가 왼쪽으로 한 자리씩 이동합니다.
10의 10배는 **100**입니다.
0.6의 10배는 **6**입니다.
13.6의 10배는 **136**, 136의 10배는 **1360**입니다.

10 (1) 4.3의 $\frac{1}{10}$은 0.43이므로 **0.43 kg**입니다.

(2) 4.3의 $\frac{1}{100}$은 0.43의 $\frac{1}{10}$과 같으므로 **0.043 kg**입니다.

11 ㉠ 0.054의 10배는 0.54, 0.54의 10배는 5.4이므로 0.054의 100배는 5.4입니다.

㉡ 540의 $\frac{1}{10}$은 54, 54의 $\frac{1}{10}$은 5.4, 5.4의 $\frac{1}{10}$은 0.54이므로 540의 $\frac{1}{1000}$은 0.54입니다.

따라서 5.4와 같은 수는 ㉠입니다.

12 ㉠은 일의 자리 숫자이므로 7을 나타내고 ㉡은 소수 셋째 자리 숫자이므로 0.007을 나타냅니다.
0.007의 10배는 0.07, 0.07의 10배는 0.7, 0.7의 10배는 7이므로 0.007은 7의 1000배입니다.
따라서 ㉠이 나타내는 수는 ㉡이 나타내는 수의 **1000배**입니다.

> **다른 풀이**
> 7은 0.007보다 소수점을 기준으로 수가 왼쪽으로 세 자리 이동했으므로 7은 0.007의 1000배입니다.

13 30.6의 $\frac{1}{10}$은 3.06이고, 3.06의 $\frac{1}{10}$은 0.306입니다.
따라서 장난감의 길이는 **0.306 cm**입니다.

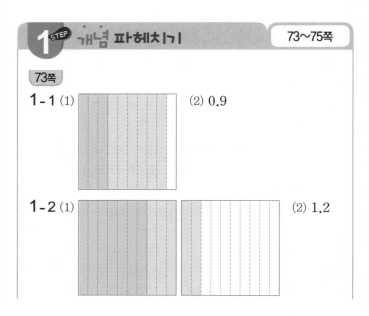

1 STEP 개념 파헤치기　　73~75쪽

73쪽

1-1 (1) [격자 그림]　　(2) 0.9

1-2 (1) [격자 그림]　　(2) 1.2

2-1

```
    0.5          1
  + 0.8    ⇒    0.5
  ───────      + 0.8
    [3]        ─────
               [1].[3]
```

2-2

```
    0.7          1
  + 1.9    ⇒    0.7
  ───────      + 1.9
    [6]        ─────
               [2].[6]
```

3-1 (1) 0.9 (2) 2.5   **3-2** (1) 0.8 (2) 3.1

75쪽

1-1 (1)

(2) 0.4

1-2 (1)

(2) 0.6

2-1

```
  [1][10]         [1][10]
    2.3             2.3
  - 0.7     ⇒    - 0.7
  ───────        ───────
    [6]           [1].[6]
```

2-2

```
  [7][10]         [7][10]
    8.6             8.6
  - 4.9     ⇒    - 4.9
  ───────        ───────
    [7]           [3].[7]
```

3-1 (1) 0.5 (2) 1.9   **3-2** (1) 1.1 (2) 2.7

4-1 2.8   **4-2** 1.8

73쪽

1-2 (1) 0.7에 0.3만큼 색칠하여 1을 만든 다음 0.2만큼을 더 색칠합니다.

3-1 (1)
```
    0.4
  + 0.5
  ─────
    0.9
```
(2)
```
    1
    1.6
  + 0.9
  ─────
    2.5
```

3-2 (1)
```
    0.2
  + 0.6
  ─────
    0.8
```
(2)
```
    1
    0.8
  + 2.3
  ─────
    3.1
```

75쪽

1-1 (1) 수직선에 0.9에서 0.5만큼 되돌아간 위치에 표시합니다.

1-2 (1) 수직선에 1.4에서 0.8만큼 되돌아간 위치에 표시합니다.

2-1
```
    2.3        1 10        1 10
  - 0.7   ⇒   2.3    ⇒    2.3
  ─────     - 0.7       - 0.7
             ─────       ─────
               6           1.6
```

2-2
```
    8.6        7 10        7 10
  - 4.9   ⇒   8.6    ⇒    8.6
  ─────     - 4.9       - 4.9
             ─────       ─────
               7           3.7
```

3-1 (1)
```
    0.8
  - 0.3
  ─────
    0.5
```
(2)
```
    1 10
    2.5
  - 0.6
  ─────
    1.9
```

3-2 (1)
```
    1.3
  - 0.2
  ─────
    1.1
```
(2)
```
    3 10
    4.1
  - 1.4
  ─────
    2.7
```

4-1
```
   4 10
    5.5
  - 2.7
  ─────
    2.8
```
4-2
```
   2 10
    3.7
  - 1.9
  ─────
    1.8
```

---

2 STEP 개념 확인하기 76～77쪽

01 0.8

02 (1) 0.8 (2) 3.6 (3) 1.9 (4) 5.6

03 6.1   **04** ㉠

05
```
    1.6
  + 3.8
  ─────
    5.4
```

06 방법 1 예

따라서 0.4＋0.3＝0.7입니다.

방법 2 예
```
    0.4
  + 0.3
  ─────
    0.7
```
; 0.7 kg

07 10.9   **08** 0.8

09 (1) 1.3 (2) 1.4 (3) 1.5 (4) 1.9

10 1.8   **11** ＝

12 •——• •——•   **13** 0.5 L

14 9.8－8.3＝1.5 ; 은지, 1.5

꼼꼼 풀이집

01 0.6에서 0.2만큼 더 간 곳은 0.8입니다.
⇨ 0.6+0.2=0.8

02 (2)
```
    1
  2 . 7
+ 0 . 9
───────
  3 . 6
```
(3)
```
  1 . 2
+ 0 . 7
───────
  1 . 9
```
(4)
```
    1
  1 . 8
+ 3 . 8
───────
  5 . 6
```

03 4.6+1.5=6.1

04 ㉠ 0.1+2.7=2.8   ㉡ 1.5+1.2=2.7
⇨ 2.8>2.7이므로 계산 결과가 더 큰 것은 ㉠입니다.

05
```
    1
  1 . 6
+ 3 . 8
───────
  5 . 4
```
소수 첫째 자리에서 받아올림한 수는 일의 자리 계산에 더해 줍니다.

06 서술형 가이드 소수 한 자리 수의 덧셈을 서로 다른 2가지 방법으로 계산할 수 있어야 합니다.

채점 기준		
서로 다른 2가지 방법으로 바르게 계산함.	상
1가지 방법으로 바르게 계산함.	중
계산을 하지 못함.	하

그림, 모눈종이, 세로셈, 직선, 수 모형 등을 이용하여 구할 수 있습니다.

07 효주: 0.1이 36개인 수 ⇨ 3.6
동욱: 일의 자리 숫자가 7이고 소수 첫째 자리 숫자가 3인 소수 한 자리 수 ⇨ 7.3
⇨ 3.6+7.3=10.9

08 1.3에서 0.5만큼을 지우면 0.8입니다.
⇨ 1.3−0.5=0.8

09 (2)
```
  1  10
  2 . 2
− 0 . 8
───────
  1 . 4
```
(3)
```
  3 . 6
− 2 . 1
───────
  1 . 5
```
(4)
```
  5  10
  6 . 4
− 4 . 5
───────
  1 . 9
```

10 9.6−7.8=1.8

11 1.6−0.9=0.7, 2.4−1.7=0.7

12 0.8−0.2=0.6, 2.5−1.9=0.6
3.3−1.8=1.5, 1.7−0.2=1.5

13 (남은 물의 양)
=(처음에 있던 물의 양)−(소희가 마신 물의 양)
=1.2−0.7=0.5 (L)

14 서술형 가이드 mm를 cm로 표현하여 소수 한 자리 수의 뺄셈을 바르게 계산하고 답을 구해야 합니다.

채점 기준		
9.8−8.3=1.5를 쓰고 답을 바르게 구함.	상
9.8−8.3을 썼으나 실수하여 답이 틀림.	중
9.8−8.3을 쓰지 못하고 답도 구하지 못함.	하

---

1 STEP 개념 파헤치기   79~81쪽

79쪽

1-1 (1)
(2) 0.42

1-2 (1)
(2) 1.03

2-1 (1)
```
        1
    0 . 2   5
+   2 . 6   7
─────────────
    2 . 9   2
```
(2)
```
        1
    1 . 5   4
+   1 . 6   3
─────────────
    3 . 1   7
```

2-2 (1) 1.79
(2) 7.25
(3) 8.91
(4) 9.23

3-1 3.44   **3-2** 1.83

81쪽

1-1 (1) 예   (2) 0.24

1-2 (1) 예   (2) 0.88

2-1 (1)
```
    2  10
    3 . 3   9
−   0 . 5   4
─────────────
    2 . 8   5
```
(2)
```
        7  10
    2 . 8   6
−   1 . 2   7
─────────────
    1 . 5   9
```

2-2 (1) 0.75
(2) 1.36
(3) 2.65
(4) 2.77

3-1 •   **3-2** •

79쪽

1-1 (1) 수직선에 0.13에서 0.29만큼 더 간 위치에 표시합니다.

(2) $0.13+0.29=$ **0.42**

1-2 (1) 수직선에 0.87에서 0.16만큼 더 간 위치에 표시합니다.

(2) $0.87+0.16=$ **1.03**

2-2

(1)
```
  1.3 1
+ 0.4 8
-------
  1.7 9
```

(2)
```
    1
  2.8 3
+ 4.4 2
-------
  7.2 5
```

(3)
```
    1
  6.7 3
+ 2.1 8
-------
  8.9 1
```

(4)
```
  1 1
  3.5 9
+ 5.6 4
-------
  9.2 3
```

3-1
```
    1
  2.0 5
+ 1.3 9
-------
  3.4 4
```

3-2
```
    1
  0.3 6
+ 1.4 7
-------
  1.8 3
```

81쪽

1-1 (1) 0.43은 0.01이 43개이므로 43칸을 ×로 지웁니다.

(2) ×로 지우고 남은 칸수는 24칸입니다.

⇨ $0.67-0.43=$ **0.24**

1-2 (1) 0.25는 0.01이 25개이므로 25칸을 ×로 지웁니다.

(2) ×로 지우고 남은 칸수는 88칸입니다.

⇨ $1.13-0.25=$ **0.88**

2-2

(1)
```
  0.9 6
- 0.2 1
-------
  0.7 5
```

(2)
```
      6 10
  3.7̸ 2
- 2.3 6
-------
  1.3 6
```

(3)
```
  2 10
  3̸.2 7
- 0.6 2
-------
  2.6 5
```

(4)
```
  3 12 10
  4̸.3̸ 5̸
- 1.5 8
-------
  2.7 7
```

3-1
```
  4 10
  5̸.2 8
- 1.6 1
-------
  3.6 7
```

3-2
```
  6 11 10
  7̸.2̸ 6̸
- 4.6 7
-------
  2.5 9
```

2 STEP 개념 확인하기

01 (1) 4.35 (2) 4.41 (3) 3.24 (4) 11.77

02 0.29, 0.84

03 •———•
      •———•

04 1.97

05 1.81

06 5.54 kg

07 6.12 g

08 (1) 3.42 (2) 5.47 (3) 0.28 (4) 3.62

09 0.68

10
```
  2.3 6
- 1.5 5
-------
  0.8 1
```

11 <

12 4.07 kg

13 (1) 8.52 (2) 2.58 (3) 5.94

01 소수점끼리 맞추어 세로로 쓰고 받아올림에 주의하여 계산합니다.

(1)
```
    1
  0.8 1
+ 3.5 4
-------
  4.3 5
```

(2)
```
  1 1
  2.6 2
+ 1.7 9
-------
  4.4 1
```

(3)
```
    1
  0.0 8
+ 3.1 6
-------
  3.2 4
```

(4)
```
  11.3 2
+  0.4 5
-------
  11.7 7
```

02 **생각 열기** 모눈종이에 색칠한 칸수를 세어 소수로 나타내어 봅니다.

모눈 1칸의 크기가 0.01이므로 모눈 29칸은 0.29, 모눈 84칸은 0.84입니다. ⇨ $0.55+0.29=$ **0.84**

03 $2.45+0.96=3.41$, $1.68+1.83=3.51$

04 $0.66+1.31=$ **1.97**

05 $0.96>0.87>0.85$이므로 가장 큰 수는 0.96, 가장 작은 수는 0.85입니다. ⇨ $0.96+0.85=$ **1.81**

06 $2.36+3.18=$ **5.54** (kg)

07 단무지: 3.17 g, 오이: 2.95 g

⇨ $3.17+2.95=$ **6.12** (g)

08 소수점끼리 맞추어 세로로 쓰고 받아내림에 주의하여 계산합니다.

(1)
```
  3.6 9
- 0.2 7
-------
  3.4 2
```

(2)
```
      8 10
  8.9̸ 2
- 3.4 5
-------
  5.4 7
```

(3)
```
      8 10
  0.9̸ 3
- 0.6 5
-------
  0.2 8
```

(4)
```
  6 10
  7̸.5 8
- 3.9 6
-------
  3.6 2
```

09
$$
\begin{array}{r}
{\scriptstyle 5\ \ 10\ 10} \\
6.\cancel{1}\ 3 \\
-\ 5.4\ 5 \\
\hline
0.6\ 8
\end{array}
$$

10
$$
\begin{array}{r}
{\scriptstyle 1\ \ 10} \\
\cancel{2}.3\ 6 \\
-\ 1.5\ 5 \\
\hline
0.8\ 1
\end{array}
$$
소수 첫째 자리끼리 뺄 수 없으면 일의 자리에서 받아내림하여 계산하고, 일의 자리의 계산에서는 받아내림한 수 1을 빼 줍니다.

11 $10.57-3.21=7.36,\ 8.83-0.59=8.24$
⇨ $7.36<8.24$

12 (감자의 무게)
　=(감자가 들어 있는 바구니의 무게)
　　−(빈 바구니의 무게)
　=$4.33-0.26=$**4.07 (kg)**

13 (1) 8>5>2이므로 큰 수부터 차례로 놓아서 소수 두 자리 수를 만들면 **8.52**입니다.
(2) 2<5<8이므로 작은 수부터 차례로 놓아서 소수 두 자리 수를 만들면 **2.58**입니다.
(3) $8.52-2.58=$**5.94**

1 STEP 개념 파헤치기 85~87쪽

85쪽

1-1 1.28 　　　|　**1-2** 2.06
2-1 ( )(○) 　|　**2-2** (○)( )
3-1 (1) 4.92 (2) 7.12 |　**3-2** (1) 4.85 (2) 4.24

87쪽

1-1 (1) 예 　　　　　　　　　　(2) 0.82

1-2 (1) 예 　　　　　　　　　　(2) 0.76

2-1 × 　　　　|　**2-2** ○
3-1 (1) 3.74 (2) 1.27 |　**3-2** (1) 1.72 (2) 2.68

85쪽
2-1, 2-2 소수점끼리 맞추고 계산해야 합니다.

3-1 (1)
$$
\begin{array}{r}
4.1\ 2 \\
+\ 0.8\ 0 \\
\hline
4.9\ 2
\end{array}
$$
(2)
$$
\begin{array}{r}
{\scriptstyle 1} \\
5.3\ 0 \\
+\ 1.8\ 2 \\
\hline
7.1\ 2
\end{array}
$$

3-2 (1)
$$
\begin{array}{r}
3.1\ 5 \\
+\ 1.7\ 0 \\
\hline
4.8\ 5
\end{array}
$$
(2)
$$
\begin{array}{r}
{\scriptstyle 1} \\
1.9\ 0 \\
+\ 2.3\ 4 \\
\hline
4.2\ 4
\end{array}
$$

87쪽

1-1 0.48은 0.01이 48개이므로 48칸을 ×로 지우면 남은 칸수는 82칸입니다.
⇨ $1.3-0.48=0.82$

1-2 0.4=0.40이므로 0.4는 0.01이 40개입니다. 따라서 40칸을 ×로 지우면 남은 칸수는 76칸입니다.
⇨ $1.16-0.4=0.76$

2-1 소수점끼리 맞추지 않고 계산했습니다.
2-2 소수점끼리 맞추어 바르게 계산했습니다.

3-1 (1)
$$
\begin{array}{r}
{\scriptstyle 4\ \ 10} \\
\cancel{5}.3\ 4 \\
-\ 1.6\ 0 \\
\hline
3.7\ 4
\end{array}
$$
(2)
$$
\begin{array}{r}
{\scriptstyle 7\ \ 10} \\
\cancel{3}.8\ 0 \\
-\ 2.5\ 3 \\
\hline
1.2\ 7
\end{array}
$$

3-2 받아내림에 주의하여 계산합니다.
(1)
$$
\begin{array}{r}
{\scriptstyle 8\ \ 10} \\
\cancel{9}.6\ 2 \\
-\ 7.9\ 0 \\
\hline
1.7\ 2
\end{array}
$$
(2)
$$
\begin{array}{r}
{\scriptstyle 5\ \ 11\ 10} \\
\cancel{6}.\cancel{2}\ 0 \\
-\ 3.5\ 2 \\
\hline
2.6\ 8
\end{array}
$$

2 STEP 개념 확인하기 88~89쪽

01 1.03
02 (1) 0.78 (2) 2.03 (3) 2.25 (4) 5.14
03 (위부터) 5.99, 8.59
04
$$
\begin{array}{r}
0.6\ 1 \\
+\ 1.3\ \ \\
\hline
1.9\ 1
\end{array}
$$
; 예 소수점 자리를 잘못 맞추어 계산했습니다.

05 2.37 km 　　　　**06** 2, 9
07 (1) 3.27 (2) 3.76 (3) 5.55 (4) 3.72
08 3.87 　　　　　　**09** 14.42
10 15.68, 8.98 　　　**11** 1.17 kg
12 0.76

01 0.93에서 0.1만큼 더 간 곳은 1.03입니다.
⇨ $0.93+0.1=1.03$

02 소수점끼리 맞추어 세로로 쓰고 받아올림에 주의하여 계산합니다.

(1)
$$\begin{array}{r} 0.28 \\ +\ 0.50 \\ \hline 0.78 \end{array}$$

(2)
$$\begin{array}{r} {}^{1} \\ 1.70 \\ +\ 0.33 \\ \hline 2.03 \end{array}$$

(3)
$$\begin{array}{r} 2.20 \\ +\ 0.05 \\ \hline 2.25 \end{array}$$

(4)
$$\begin{array}{r} {}^{1} \\ 3.34 \\ +\ 1.80 \\ \hline 5.14 \end{array}$$

03 $4.79+1.2=5.99$, $4.79+3.8=8.59$

04 서술형 가이드 소수점 자리를 맞추어 바르게 계산하고 잘못된 이유를 바르게 썼는지 확인합니다.

채점기준		
잘못된 곳을 찾아 바르게 계산하고 그 이유를 썼음.	상
잘못된 곳을 찾아 바르게 계산하기만 했음.	중
잘못된 곳을 찾아 바르게 계산하지도 못함.	하

05 1000 m=1 km이므로 870 m=0.87 km입니다.
⇨ $1.5+0.87=2.37$ (km)

06 • 소수 둘째 자리: $9+0=ⓛ$, $ⓛ=9$
• 소수 첫째 자리: $7+8=15$
• 일의 자리: $1+⊙+4=7$, $⊙+5=7$, $⊙=2$

07 소수점끼리 맞추어 세로로 쓰고 받아내림에 주의하여 계산합니다.

(1)
$$\begin{array}{r} {}^{7}{}^{10} \\ 8.80 \\ -\ 5.53 \\ \hline 3.27 \end{array}$$

(2)
$$\begin{array}{r} {}^{6}{}^{10} \\ 7.16 \\ -\ 3.40 \\ \hline 3.76 \end{array}$$

(3)
$$\begin{array}{r} {}^{5}{}^{13}{}^{10} \\ 6.40 \\ -\ 0.85 \\ \hline 5.55 \end{array}$$

(4)
$$\begin{array}{r} {}^{4}{}^{10} \\ 5.62 \\ -\ 1.90 \\ \hline 3.72 \end{array}$$

08
$$\begin{array}{r} {}^{7}{}^{10} \\ 8.37 \\ -\ 4.50 \\ \hline 3.87 \end{array}$$

09
$$\begin{array}{r} {}^{5}{}^{12}{}^{10} \\ 16.30 \\ -\ \ 1.88 \\ \hline 14.42 \end{array}$$

10 $19.8-4.12=15.68$, $15.68-6.7=8.98$

11 (사용하고 남은 밀가루의 무게)
=(처음 밀가루의 무게)−(사용한 밀가루의 무게)
=$2-0.83=1.17$ (kg)

12 생각 열기 소수의 크기를 비교하여 두 사람이 설명하는 소수를 찾아봅니다.
현서: 1.7보다 크고 2보다 작은 수 ⇨ 1.8
태준: 1.2보다 작고 1보다 큰 수 ⇨ 1.04
⇨ $1.8-1.04=0.76$

---

3 STEP 단원마무리 평가

01 0.47
02 (1) 영 점 육팔 (2) 삼 점 오영칠
03 0.060, 5.400
04 6.14, 6.27
05 (1) 2.4 (2) 2.5
06 (1) < (2) >
07 7.64
08 (위부터) 0.01, 0.026, 0.26
09 (1) 9.15 (2) 16.21
10 (1) 0.41 (2) 0.095 (3) 0.15
11 (위부터) 8.27, 3.67
12 지윤
13 예 $0.18+0.04=0.22$; 0.22 m
14 ④
15 소민, 광수
16
$$\begin{array}{r} 3.69 \\ -\ 2.5 \\ \hline 1.19 \end{array}$$
; 예 소수점 자리를 잘못 맞추어 계산했습니다.
17 100배
18 경찰서, 학교, 도서관
19 20.395
20 (위부터) 4, 5, 9

창의·융합문제

❶ (위부터) 5, 5 / 9 / 한에 ○표, 10
❷ 예 7, 예 8 / 6 / 예 이 소수를 10배 하면 소수 첫째 자리 숫자는 4입니다.

---

01 분수 $\frac{47}{100}$은 소수로 0.47이라 씁니다.

02 (1) 소수점 오른쪽의 수는 숫자만 차례로 읽습니다.
0.68 ⇨ 영 점 육팔
(2) 소수점 오른쪽에 있는 숫자 0은 읽어 줍니다.
3.507 ⇨ 삼 점 오영칠

03 소수점의 오른쪽 끝자리 숫자 0은 생략하여 나타낼 수 있습니다.
⇨ 0.060=0.06, 5.400=5.4

04 생각 열기 수직선에서 눈금 한 칸은 0.01입니다.
6.1에서 4칸만큼 더 간 곳은 6.14입니다.
6.2에서 7칸만큼 더 간 곳은 6.27입니다.

05 (1)
$$\begin{array}{r} {}^{1} \\ 0.8 \\ +\ 1.6 \\ \hline 2.4 \end{array}$$

(2)
$$\begin{array}{r} {}^{2}{}^{10} \\ 3.4 \\ -\ 0.9 \\ \hline 2.5 \end{array}$$

06 (1) $1.57<1.62$
       └5<6┘
(2) $8.496>8.493$
       └6>3┘

07 $9.8-2.16=7.64$

꼼꼼 풀이집

08 **생각 열기** 소수의 $\frac{1}{10}$ 을 구하면 소수점을 기준으로 수가 오른쪽으로 한 자리씩 이동합니다.

0.1의 $\frac{1}{10}$ 은 **0.01**입니다.

2.6의 $\frac{1}{10}$ 은 **0.26**, 0.26의 $\frac{1}{10}$ 은 **0.026**입니다.

09 (1)
$$
\begin{array}{r}
1\ \ 1 \\
5\ .\ 6\ 8 \\
+\ 3\ .\ 4\ 7 \\
\hline
9\ .\ 1\ 5
\end{array}
$$
(2)
$$
\begin{array}{r}
1 \\
1\ 3\ .\ 4\ 0 \\
+\ \ \ 2\ .\ 8\ 1 \\
\hline
1\ 6\ .\ 2\ 1
\end{array}
$$

10 (1) 1 m=100 cm이므로 1 cm=0.01 m입니다.
⇨ 41 cm=**0.41 m**

(2) 1 kg=1000 g이므로 1 g=0.001 kg입니다.
⇨ 95 g=**0.095 kg**

(3) 1 L=1000 mL이므로 1 mL=0.001 L입니다.
⇨ 150 mL=0.150 L=**0.15 L**

11 6.3+1.97=**8.27**, 6.3−2.63=**3.67**

12 성우: 0.23의 100배 ⇨ 23

지윤: 230의 $\frac{1}{100}$ ⇨ 2.3

따라서 2.3과 같은 수를 설명한 사람은 **지윤**입니다.

13 **서술형 가이드** 알맞은 식을 세우고 바르게 계산하여 답을 구해야 합니다.

채점 기준		
식을 쓰고 답을 바르게 구함.	상
식을 썼으나 실수하여 답이 틀림.	중
식을 쓰지 못하고 답도 구하지 못함.	하

14 8이 나타내는 수를 각각 알아보면
① 8.34 ⇨ 8   ② 5.8 ⇨ 0.8   ③ 3.98 ⇨ 0.08
④ 2.018 ⇨ 0.008   ⑤ 0.857 ⇨ 0.8입니다.
0.008<0.08<0.8<8이므로 8이 나타내는 수가 가장 작은 소수는 ④입니다.

15 소수점의 오른쪽 끝자리 숫자 0만 생략할 수 있으므로 5.038과 5.38은 다른 수입니다.

16 **서술형 가이드** 소수점 자리를 맞추어 바르게 계산하고 잘못된 이유를 바르게 썼는지 확인합니다.

채점 기준		
잘못된 곳을 찾아 바르게 계산하고 그 이유를 썼음.	상
잘못된 곳을 찾아 바르게 계산하기만 했음.	중
잘못된 곳을 찾아 바르게 계산하지도 못함.	하

17 ㉠은 일의 자리 숫자이므로 8을 나타내고 ㉡은 소수 둘째 자리 숫자이므로 0.08을 나타냅니다.
0.08의 10배는 0.8, 0.8의 10배는 8입니다.
따라서 ㉠이 나타내는 수는 ㉡이 나타내는 수의 **100배**입니다.

다른 풀이

8은 0.08보다 소수점을 기준으로 수가 왼쪽으로 두 자리 이동했으므로 8은 0.08의 100배입니다.

18 1130 m=1.13 km
0.68, 1.13, 0.237의 자연수 부분을 비교하면 1>0이므로 1.13이 가장 큽니다.
나머지 두 수의 소수 첫째 자리 수를 비교하면 6>2이므로 0.68>0.237입니다.
따라서 0.237<0.68<1.13이므로 서우네 집에서 가까운 곳부터 순서대로 쓰면 **경찰서, 학교, 도서관**입니다.

19 $\frac{1}{100}=0.01$, $\frac{1}{1000}=0.001$

1이 20개이면 20, 0.1이 3개이면 0.3, 0.01이 9개이면 0.09, 0.001이 5개이면 0.005이므로 **20.395**입니다.

20 • 소수 둘째 자리: 8에서 9를 뺄 수 없으므로 소수 첫째 자리에서 10을 받아내림하면
10+8−9=□, □=**9**입니다.
• 소수 첫째 자리: □−1−2=1, □=**4**
• 일의 자리: 9−□=4, □=**5**

창의·융합 문제

1 예진: 4.35는 4보다 크고 5보다 작으므로 ㉠은 5여야 합니다. ㉠이 5보다 크면 일의 자리 숫자가 될 수 있는 수가 여러 개입니다.

성태: 4.35의 일의 자리 숫자는 4, 소수 둘째 자리 숫자는 5이므로 두 수의 합은 9입니다. 따라서 ㉡은 9여야 합니다.

휘정: 4.35를 10배 하면 소수점을 기준으로 수가 왼쪽으로 한 자리씩 이동하므로 43.5가 되어 일의 자리 숫자가 3이 됩니다. 따라서 ㉢은 10이어야 합니다.

2 **서술형 가이드** 도움말 4개가 설명하는 소수가 7.14로 1개가 되도록 도움말을 만들어야 합니다.

채점 기준		
설명하는 소수를 맞힐 수 있도록 도움말을 적절하게 썼음.	상
설명하는 소수를 맞힐 수 있도록 도움말을 썼으나 미흡함.	중
설명하는 소수를 맞힐 수 있도록 도움말을 쓰지 못함.	하

참고

도움말 4개가 설명하는 소수가 반드시 7.14로 1개이어야 하므로 도움말을 완성한 다음 다시 도움말만 보고 설명하는 소수가 7.14인지 확인해 봅니다.

4 사각형

97~101쪽

1 STEP 개념 파헤치기

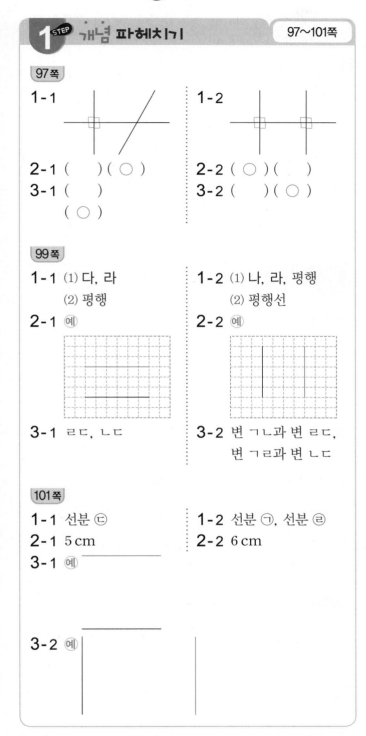

97쪽

1-1

1-2

2-1 ( ) (○)
3-1 ( )
(○)

2-2 (○) ( )
3-2 ( ) (○)

99쪽

1-1 (1) 다, 라
(2) 평행

1-2 (1) 나, 라, 평행
(2) 평행선

2-1 예

2-2 예

3-1 ㄹㄷ, ㄴㄷ

3-2 변 ㄱㄴ과 변 ㄹㄷ,
변 ㄱㄹ과 변 ㄴㄷ

101쪽

1-1 선분 ㄷ
2-1 5 cm
3-1 예

1-2 선분 ㄱ, 선분 ㄹ
2-2 6 cm

3-2 예

97쪽

1-2 삼각자의 직각 부분을 대어 보거나 각도기로 재어 직각인 곳을 찾아봅니다.

2-2 삼각자를 사용하여 수선을 그으려면 삼각자에서 직각을 낀 변 중 한 변을 주어진 직선에 맞추고 직각을 낀 다른 한 변을 따라 선을 그어야 합니다.

3-2 각도기의 밑금을 직선 가에 일치하도록 맞추고 각도기의 중심을 맞춘 점과 90°가 되는 눈금 위에 찍은 점을 직선으로 이어야 합니다.

> **참고**
> 각도기를 사용하여 수선을 그었을 때 좋은 점은 90°를 정확하게 측정할 수 있다는 점입니다.

99쪽

1-1 서로 만나지 않는 두 직선을 평행하다고 합니다.

1-2 직선 가에 직선 나와 직선 라가 수직이므로 직선 나와 직선 라는 평행합니다.

2-2 모눈종이에서 가로줄끼리, 세로줄끼리 평행하다는 것을 이용하여 주어진 직선과 평행한 직선을 그어 봅니다.

3-2 한 직선에 수직인 두 직선은 평행하므로 한 변에 수직인 두 변을 찾아봅니다.

> **참고**
> 정사각형에는 평행선이 두 쌍 있습니다.

101쪽

1-2 평행선의 한 직선에서 다른 직선에 그은 수선의 길이를 평행선 사이의 거리라고 합니다. 따라서 평행선 사이의 거리를 나타내는 선분은 **선분 ㄱ**과 **선분 ㄹ**입니다.

2-1 평행선 사이의 거리는 모눈 5칸이므로 **5 cm**입니다.

2-2 평행선 사이의 거리는 모눈 6칸이므로 **6 cm**입니다.

3-1 한 직선과 평행한 직선은 여러 개 그을 수 있으나 거리가 정해진 직선은 2개 그을 수 있습니다.

3-2 주어진 직선과 3 cm 떨어지도록 평행한 직선을 그어 봅니다.

2 STEP 개념 확인하기

102~103쪽

01 ( ) ( ) (○)
02 예

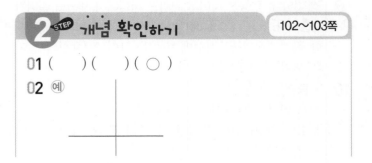

꼼꼼 풀이집

03 2개 **04** 지수

05 직선 가와 직선 나, 직선 마와 직선 바

06 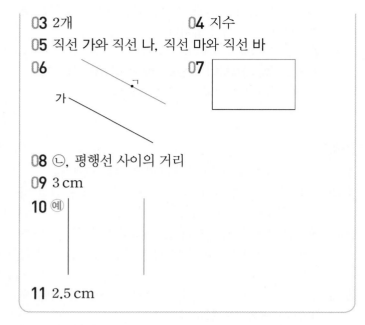 **07**

08 ㉡, 평행선 사이의 거리

09 3 cm

10 예

11 2.5 cm

---

01 생각 열기 두 변이 만나서 이루는 각이 직각인 부분이 있는 도형을 찾습니다.
삼각자의 직각 부분을 대어 보거나 각도기를 사용해서 각의 크기를 재어 봅니다.

02 삼각자에서 직각을 낀 변 중 한 변을 주어진 직선에 맞추고 직각을 낀 다른 한 변을 따라 선을 긋습니다.

03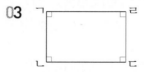

파란색 변과 만나서 이루는 각이 직각인 변을 찾으면 변 ㄱㄹ과 변 ㄴㄷ으로 모두 **2개**입니다.

04 한 직선에 대한 수선은 무수히 많이 그을 수 있습니다.

05 평행선을 찾습니다.

06 점 ㄱ을 지나고 직선 가와 평행한 직선은 1개 그을 수 있습니다.

07 각각의 변과 평행한 변을 그어 사각형을 완성합니다.

08 평행선 사이의 거리는 평행선 사이에 그은 선분 중 가장 짧은 선분의 길이입니다.

09 생각 열기 평행선 사이의 거리는 어디에서 재어도 길이가 같습니다.
한 직선에서 다른 직선에 수선을 그어 이 수선의 길이를 재어 보면 **3 cm**입니다.

10 • 평행한 직선 긋기
① 주어진 직선에 대한 수선을 긋습니다.
② 수선 위에 주어진 직선으로부터 2 cm 떨어진 곳에 점을 찍습니다.

③ 찍은 점을 지나고 그은 수선에 수직인 직선을 긋습니다.

11

서로 평행한 변은 변 ㄱㅁ과 변 ㄷㄹ이고 두 변 사이에 그은 수선의 길이를 재어 보면 **2.5 cm**입니다.

1 STEP 개념 파헤치기 105~107쪽

105쪽

1-1 (1)

(2) 사다리꼴

1-2 (1) 있습니다.
(2) 있습니다.

2-1 (○)(○)
(×)(×)

2-2 (○)(○)
(○)(×)

3-1 예

3-2 예

107쪽

1-1 (○)(   )(○)

1-2 가, 나

2-1

2-2

3-1 (1) (위부터) 4, 6
(2) 110

3-2 (1) (위부터) 5, 7
(2) 80

105쪽

1-2 (1)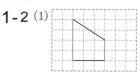

⇨ 빨간색 두 변이 서로 평행합니다.

　(2) 평행한 변이 한 쌍 있으므로 **사다리꼴**입니다.

2-2 마주 보는 한 쌍의 변이 평행한 사각형을 사다리꼴이라고 합니다.

3-2 평행한 변이 한 쌍이라도 있게 사각형을 그려 봅니다.

107쪽

1-2 마주 보는 두 쌍의 변이 서로 평행한 사각형을 찾으면 **가**와 **나**입니다.

2-2 주어진 각각의 변과 서로 평행한 변을 그어 사각형을 완성합니다.

3-1 (1) 평행사변형의 마주 보는 두 변의 길이는 같습니다.

　(2) 평행사변형의 마주 보는 두 각의 크기는 같으므로 □°＝110°입니다.

3-2 (1) 평행사변형의 마주 보는 두 변의 길이는 같습니다.

　(2) 평행사변형의 마주 보는 두 각의 크기는 같습니다.

2 STEP **개념 확인하기**　　108~109쪽

01 예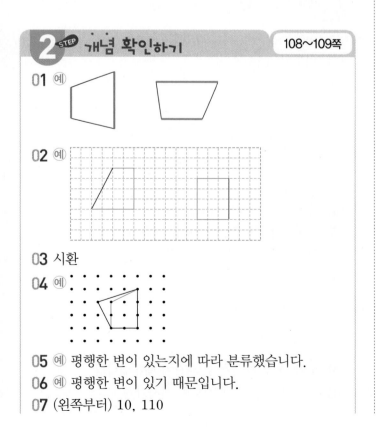

02 예

03 시환

04 예

05 예 평행한 변이 있는지에 따라 분류했습니다.

06 예 평행한 변이 있기 때문입니다.

07 (왼쪽부터) 10, 110

08 예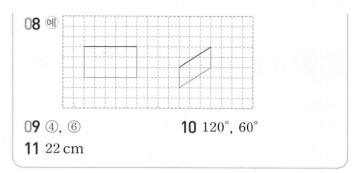

09 ④, ⑥　　　　　　**10** 120°, 60°

11 22 cm

01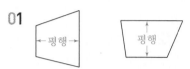

02 평행한 변이 한 쌍이라도 있는 사각형을 그려야 합니다.

03 잘라 낸 도형들은 모두 위와 아래의 변이 평행하므로 모두 사다리꼴입니다.

04 마주 보는 한 쌍의 변이 평행하도록 한 꼭짓점을 옮겨 봅니다.

05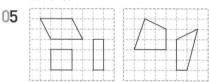

왼쪽에는 평행한 변이 한 쌍이나 두 쌍인 사각형이고 오른쪽에는 평행한 변이 한 쌍도 없는 사각형입니다.

06 서술형 가이드 평행한 변이 한 쌍이라도 있는 사각형이 사다리꼴임을 알고 이유를 설명해야 합니다.

채점기준		
사다리꼴을 알고 이유를 바르게 설명함.	상
사다리꼴을 알고 있으나 이유 설명이 부족함.	중
사다리꼴을 알지 못하여 이유를 설명하지 못함.	하

07 평행사변형은 마주 보는 두 변의 길이가 같고 마주 보는 두 각의 크기가 같습니다.

08 마주 보는 두 쌍의 변이 서로 평행하도록 사각형을 그립니다.

09 마주 보는 두 쌍의 변이 서로 평행한 사각형을 찾습니다.

10 ・평행사변형의 이웃한 두 각의 크기의 합은 180°이므로 ㉠＝180°−60°＝120°입니다.

　・평행사변형에서 마주 보는 두 각의 크기는 같으므로 ㉡＝60°입니다.

11 평행사변형의 마주 보는 두 변의 길이가 같으므로 철사는 적어도 3＋3＋8＋8＝22 (cm)가 필요합니다.

　다른 풀이

　평행사변형의 마주 보는 두 변의 길이는 같으므로 3＋8＝11, 11×2＝22 (cm)가 필요합니다.

1 STEP 개념 파헤치기

111~113쪽

111쪽

1-1 (1) 같습니다.
(2) 마름모

1-2 (1) 변 ㄴㄷ,
변 ㄷㄹ,
변 ㄱㄹ
(2) 마름모

2-1 (위부터) 5, 80

2-2 (위부터) 70, 6

3-1 (위부터) 8, 6

3-2 (위부터) 90, 5

113쪽

1-1 (1) 예
(2) 같습니다에 ○표

1-2 (1)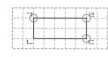
(2) 직각에 ○표

2-1 (1) 예
(2) 같습니다에 ○표

2-2 (1) 예
(2) 직각에 ○표

3-1 사다리꼴,
평행사변형,
직사각형에 ○표

3-2 사다리꼴,
평행사변형,
마름모,
직사각형에 ○표

111쪽

1-1 네 변의 길이가 모두 같으므로 **마름모**입니다.

1-2 변 ㄱㄴ과 나머지 세 변의 길이가 모두 같으므로 **마름모**입니다.

2-2 마름모는 네 변의 길이가 모두 같고 마주 보는 두 각의 크기가 같습니다.

3-1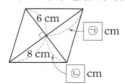

마름모에서 마주 보는 꼭짓점끼리 이은 선분은 서로 수직으로 만나고 이등분하므로 ㉠=8, ㉡=6입니다.

3-2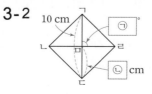

마름모에서 마주 보는 꼭짓점끼리 이은 선분은 서로 수직으로 만나고 이등분합니다.
• ㉠=90
• ㉡=(선분 ㄷㅁ)=(선분 ㄱㅁ)
=(변 ㄱㄷ)÷2=10÷2=5

113쪽

1-1 직사각형은 마주 보는 변의 길이가 같습니다.

1-2 직사각형은 네 각이 모두 직각입니다.

2-1 정사각형은 네 변의 길이가 모두 같습니다.

2-2 정사각형은 네 각이 모두 직각입니다.

3-1 생각 열기 네 각이 모두 직각인 직사각형입니다.
직사각형은 마주 보는 두 쌍의 변이 서로 평행하므로 사다리꼴, 평행사변형이라고 할 수 있습니다.

3-2 생각 열기 네 변의 길이가 모두 같고 네 각이 모두 직각인 정사각형입니다.
정사각형은 마주 보는 두 쌍의 변이 서로 평행하므로 사다리꼴, 평행사변형이라고 할 수 있고, 네 각이 모두 직각이므로 직사각형이라고 할 수 있고, 네 변의 길이가 모두 같으므로 마름모라고 할 수 있습니다.

2 STEP 개념 확인하기

114~115쪽

01 나, 다

02 10, 10, 10

03 (위부터) 125, 55

04 예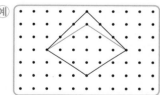

05 20 cm

06 (1) 110° (2) 90° (3) 12 cm

07 (1) 가, 나, 다, 라, 바 (2) 나, 다, 라, 바
(3) 라, 바 (4) 다, 라 (5) 라

08 예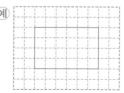

09 예 네 변의 길이가 모두 같기 때문입니다.

10 예 사다리꼴, 평행사변형, 직사각형

01 마름모는 네 변의 길이가 모두 같은 사각형으로 변의 길이를 비교하여 마름모를 찾습니다.

02 마름모는 네 변의 길이가 모두 같으므로 변의 길이는 모두 **10 cm**입니다.

03 마름모는 마주 보는 두 각의 크기가 같습니다.

04 네 변의 길이가 모두 같도록 한 꼭짓점을 옮겨 봅니다.

05 생각 열기 마름모는 네 변의 길이가 모두 같습니다.
(네 변의 길이의 합)＝5＋5＋5＋5＝20 (cm)

06 (1) 마름모는 이웃한 두 각의 크기의 합이 180°이므로
70°＋(각 ㄴㄷㄹ)＝180°
⇨ (각 ㄴㄷㄹ)＝180°−70°＝110°

(2) 마름모에서 마주 보는 꼭짓점끼리 이은 선분이 서로 수직으로 만나므로 각 ㄱㅁㄹ의 크기는 90°입니다.

(3) 마름모에서 마주 보는 꼭짓점끼리 이은 선분이 서로 이등분하므로
(변 ㄴㄹ)＝(선분 ㄴㅁ)＋(선분 ㅁㄹ)
＝6＋6＝12 (cm)입니다.

07 (1) 마주 보는 한 쌍의 변이 평행한 사각형을 찾습니다.
(2) 마주 보는 두 쌍의 변이 서로 평행한 사각형을 찾습니다.
(3) 네 변의 길이가 모두 같은 사각형을 찾습니다.
(4) 네 각이 모두 직각인 사각형을 찾습니다.
(5) 네 변의 길이가 모두 같고 네 각이 모두 직각인 사각형을 찾습니다.

08 네 각의 크기가 모두 같은 사각형은 직사각형입니다. 모눈종이에 직사각형을 그려 봅니다.

09 서술형 가이드 정사각형이 마름모인 이유를 설명할 수 있어야 합니다.

채점 기준		
정사각형이 마름모인 이유를 바르게 설명함.	상
정사각형이 마름모인 이유를 알고 있으나 설명이 미흡함.	중
정사각형이 마름모인 이유를 설명하지 못함.	하

10 같은 길이의 막대가 2개씩 있으니까 마주 보는 변의 길이가 같은 사각형을 만들 수 있습니다. 따라서 평행사변형, 직사각형, 사다리꼴을 만들 수 있습니다.

05 (1) × (2) ○

06

07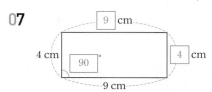

08 예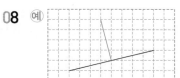

09 예

10 18 cm   **11** 4 cm

12 3쌍

13 예 마름모의 이웃한 두 각의 크기의 합은 180°입니다. 따라서 50°＋(각 ㄴㄷㄹ)＝180°,
(각 ㄴㄷㄹ)＝130°입니다.
; 130°

14

15 14 cm   **16** 예 마름모, 평행사변형
17 유리   **18** 3개
19 정사각형   **20** 3개

창의·융합 문제

❶ (1) 예
; 예 평행사변형, 사다리꼴

(2) 예
; 예 마름모, 평행사변형, 사다리꼴

3 STEP 단원 마무리 평가   116~119쪽

01 사다리꼴   **02** 선분 ㄷ
03 (왼쪽부터) 50, 9   **04** ㉡, ㉢

꼼꼼 풀이집

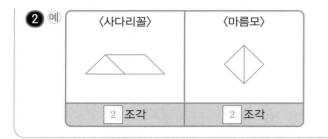

② 예

〈사다리꼴〉	〈마름모〉
2 조각	2 조각

01 마주 보는 한 쌍의 변이 평행한 사각형이므로 **사다리 꼴**입니다.

02 평행한 두 직선 사이에 그은 수선을 찾습니다.

03 평행사변형은 마주 보는 두 변의 길이가 같고 마주 보는 두 각의 크기가 같습니다.

04

따라서 서로 수직인 변이 있는 도형은 ㉡, ㉢입니다.

05 직사각형의 네 변의 길이가 항상 같은 것은 아니므로 정사각형이라고 할 수 없습니다.

06 직선 가와 평행한 직선 중 점 ㄱ을 지나야 합니다.

07 직사각형의 네 각은 모두 직각이고 마주 보는 변의 길이는 같습니다.

08 주어진 직선과 만나서 이루는 각이 직각이 되는 직선을 그어 봅니다. 삼각자 또는 각도기를 사용하여 그을 수 있습니다.

09 주어진 직선과 수직인 직선을 그은 다음 2 cm가 되는 곳에 점을 찍어 주어진 직선과 평행한 직선을 긋습니다.

10 생각 열기 평행사변형은 마주 보는 두 변의 길이가 같습니다.
(네 변의 길이의 합)$=5+5+4+4=18$ (cm)

11 생각 열기 도형에서 평행선을 먼저 찾습니다.

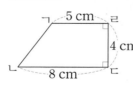

도형에서 변 ㄱㄹ과 변 ㄴㄷ이 평행하므로 평행선 사이의 거리는 변 ㄹㄷ의 길이와 같습니다. 따라서 평행선 사이의 거리는 4 cm입니다.

12

도형에서 찾을 수 있는 평행선은 모두 **3쌍**입니다.

13 서술형 가이드 마름모의 이웃한 두 각의 크기의 합이 180°임을 이용하여 답을 구할 수 있어야 합니다.

채점기준		
마름모의 성질을 알고 답을 바르게 구함.	상
마름모의 성질을 알고 있으나 실수하여 답이 틀림.	중
마름모의 성질을 몰라 답을 구하지 못함.	하

14 주어진 두 선분과 각각 평행한 선분을 그어 사각형을 완성합니다.

15 마름모는 네 변의 길이가 모두 같으므로 만든 마름모의 한 변의 길이는 $56÷4=14$ (cm)입니다.

16 만든 사각형은 네 변의 길이가 같고, 마주 보는 두 쌍의 변이 서로 평행하므로 마름모, 평행사변형이라고 할 수 있습니다.

> 주의
>
> 만든 사각형의 네 변의 길이는 같지만 네 각의 크기가 같은 것은 아니므로 직사각형도, 정사각형도 아닌 것에 주의합니다.

17 선호와 지아는 평행사변형의 성질만 설명했고 **유리**는 사다리꼴과 평행사변형의 공통점을 바르게 설명했습니다.

18 수선이 있는 글자는 ㄱ, ㄷ, ㅍ으로 모두 3개입니다.

19 • 마주 보는 두 쌍의 변이 서로 평행합니다.
　⇨ 평행사변형, 마름모, 직사각형, 정사각형
• 네 변의 길이가 모두 같습니다.
　⇨ 마름모, 정사각형
• 네 각의 크기가 모두 같습니다.
　⇨ 직사각형, 정사각형

따라서 세 조건을 모두 만족하는 사각형은 **정사각형**입니다.

20

• 잘라 낸 도형들은 위와 아래의 변이 평행하기 때문에 모두 사다리꼴입니다. ⇨ 5개
• 평행사변형은 ②, ⑤로 2개입니다.

따라서 사다리꼴은 평행사변형보다 $5-2=3$(개) 더 많습니다.

창의·융합 문제

❶ (1) 같은 길이의 막대가 2개씩 있으므로 마주 보는 변의 길이가 같은 사각형을 만들 수 있습니다.
(2) 같은 길이의 막대가 4개 있으므로 네 변의 길이가 모두 같은 사각형을 만들 수 있습니다.

❷ • 칠교판의 조각으로 마주 보는 한 쌍의 변이 평행한 사각형인 사다리꼴을 만들어 봅니다.
• 칠교판의 조각으로 네 변의 길이가 같은 사각형인 마름모를 만들어 봅니다.

⑤ 꺾은선그래프

1 STEP 개념 파헤치기

123쪽

1-1 막대그래프
2-1 날짜, 길이
3-1 (개)

1-2 꺾은선그래프
2-2 날짜, 길이
3-2 (내)

125쪽

1-1 (1) 1 cm
(2) 5 cm
(3) 22일과 29일 사이
(4) 15일과 22일 사이

1-2 (1) 1 cm
(2) 2 cm
(3) 40분과 50분 사이
(4) 10분과 20분 사이

123쪽

1-1 조사한 자료를 막대 모양으로 나타낸 그래프를 **막대그래프**라고 합니다.

1-2 조사한 자료의 수량을 점으로 표시하고, 그 점들을 선분으로 이어 그린 그래프를 **꺾은선그래프**라고 합니다.

2-1 그래프의 가로는 **날짜**를, 세로는 강낭콩 줄기의 길이를 나타냅니다.

2-2 그래프의 가로는 **날짜**를, 세로는 강낭콩 줄기의 길이를 나타냅니다.

> **참고**
> • (개)와 (내) 그래프의 같은 점
> ① 강낭콩 줄기의 길이를 나타냈습니다.
> ② 가로에는 날짜를, 세로에는 길이를 나타냈습니다.
> ③ 눈금의 크기가 같습니다.

3-1 날짜별 강낭콩 줄기의 길이를 비교하기에는 막대그래프인 (개)가 알맞습니다.

3-2 **생각 열기** 꺾은선그래프는 변화를 한눈에 알아보기에 알맞습니다.
강낭콩 줄기의 길이의 변화를 알아보기에는 꺾은선그래프인 (내)가 알맞습니다.

125쪽

1-1 (1) 세로 눈금 5칸이 5 cm이므로 세로 눈금 한 칸은 1 cm를 나타냅니다.
(2) **생각 열기** 1일과 8일의 세로 눈금 칸수를 비교합니다.
1일과 8일은 세로 눈금 5칸 차이가 나므로 8일은 1일보다 **5 cm** 자랐습니다.

> **다른 풀이**
> 1일의 식물의 싹의 키는 3 cm, 8일의 식물의 싹의 키는 8 cm입니다.
> 따라서 8일은 1일보다 8－3＝5 (cm) 자랐습니다.

(3) 꺾은선그래프의 선이 가장 많이 기울어진 부분을 찾으면 **22일과 29일 사이**입니다.
(4) 꺾은선그래프의 선이 가장 적게 기울어진 부분을 찾으면 **15일과 22일 사이**입니다.

1-2 (1) 세로 눈금 5칸이 5 cm이므로 세로 눈금 한 칸은 **1 cm**를 나타냅니다.
(2) **생각 열기** 20분과 30분의 세로 눈금 칸수를 비교합니다.
20분과 30분은 세로 눈금 2칸만큼 차이가 나므로 30분이 지났을 때는 20분이 지났을 때보다 **2 cm** 줄었습니다.

> **다른 풀이**
> 20분에 양초의 길이는 28 cm이고, 30분에 양초의 길이는 26 cm입니다.
> 따라서 30분이 지났을 때는 20분이 지났을 때보다 28－26＝2 (cm) 줄었습니다.

(3) **생각 열기** 선이 가장 많이 기울어진 부분을 찾습니다.
양초가 가장 많이 탄 때는 선이 가장 많이 기울어진 부분이므로 **40분과 50분 사이**입니다.
(4) **생각 열기** 선이 가장 적게 기울어진 부분을 찾습니다.
양초가 가장 적게 탄 때는 선이 가장 적게 기울어진 부분이므로 **10분과 20분 사이**입니다.

2 STEP 개념 확인하기

01 꺾은선그래프
02 날짜, 연필의 길이
03 1 cm
04 연필의 길이의 변화
05 예 운동장의 온도를 나타냈습니다.
06 예 막대그래프 (개)는 막대로, 꺾은선그래프 (내)는 점들을 선으로 이어 그렸습니다.
07 (1) (내) (2) 4, 5 (3) 5, 6
08 현준
09 예 18일 ;
예 1월 날수인 26일과 3월 날수는 10일의 중간이 18일이기 때문입니다.

꼼꼼 풀이집

01 수량을 점으로 표시하고, 그 점들을 선분으로 이어 그린 그래프를 **꺾은선그래프**라고 합니다.

02 꺾은선그래프에서 가로는 2, 6, 10, 14로 **날짜**를, 세로는 0, 5, 10, 15로 **연필의 길이**를 나타냈습니다.

03 세로 눈금 5칸이 5 cm이므로 세로 눈금 한 칸은 **1 cm**를 나타냅니다.

04 꺾은선은 **연필의 길이의 변화**를 나타낸 것입니다.

05 서술형 가이드 운동장의 온도를 조사하여 나타낸 막대그래프와 꺾은선그래프의 같은 점을 찾아 설명할 수 있어야 합니다.

채점기준		
두 그래프의 같은 점을 찾아 바르게 설명함.	상
두 그래프의 같은 점은 알고 있으나 설명이 미흡함.	중
두 그래프의 같은 점을 몰라 설명하지 못함.	하

예 가로는 시각을, 세로는 온도를 나타냅니다.
예 눈금의 크기가 같습니다. 등

06 서술형 가이드 운동장의 온도를 조사하여 나타낸 막대그래프와 꺾은선그래프의 다른 점을 찾아 설명할 수 있어야 합니다.

채점기준		
두 그래프의 다른 점을 찾아 바르게 설명함.	상
두 그래프의 다른 점은 알고 있으나 설명이 미흡함.	중
두 그래프의 다른 점을 몰라 설명하지 못함.	하

07 생각 열기 (개)와 (내)는 세로 눈금 한 칸의 크기를 다르게 하여 나타낸 꺾은선그래프입니다.
(1) (내)의 세로 눈금 칸이 넓어져 더 읽기 편합니다.
(2) 몸무게의 변화가 가장 심한 때는 선이 가장 많이 기울어진 때이므로 **4월과 5월 사이**입니다.
(3) 몸무게의 변화가 가장 적은 때는 선이 가장 적게 기울어진 때이므로 **5월과 6월 사이**입니다.

> 참고
> 꺾은선그래프에서 선이 많이 기울어질수록 변화의 정도가 심합니다.

08 (내) 그래프는 세로 눈금 칸이 넓어져서 다른 값들을 더 잘 알 수 있습니다.

09 서술형 가이드 1월과 3월의 영하로 내려간 날수를 이용하여 2월의 영하로 내려간 날수를 예상하고 그 이유를 설명할 수 있어야 합니다.

채점기준		
2월의 영하로 내려간 날수를 예상한 것에 대한 이유를 바르게 설명함.	상
2월의 영하로 내려간 날수를 예상한 것에 대한 이유 설명이 미흡함.	중
2월의 영하로 내려간 날수를 예상한 것에 대한 이유를 설명하지 못함.	하

---

1 STEP 개념 파헤치기

129쪽

1-1 (1), (2)

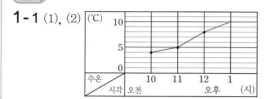

1-2 (1), (2)

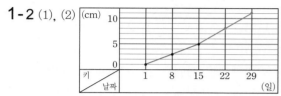

2-1

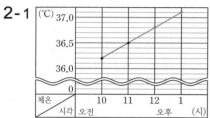

2-2

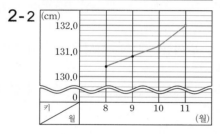

131쪽

1-1 (1) 19, 16, 7　　(2) 예 월, 날수

(3)

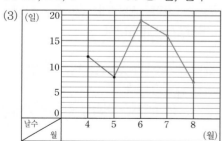

1-2 (1) 20, 27, 28　　(2) 예 날짜, 횟수

(3)

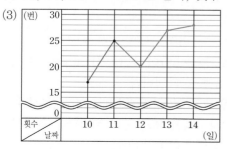

133쪽

1-1 390, 260

2-1 남학생

3-1 줄어들 것입니다에
○표

1-2 310, 250

2-2 여학생

3-2 줄어들 것입니다에
○표

129쪽

1-2 (1) 가로 눈금과 세로 눈금이 만나는 자리에 알맞게 점을 찍습니다.

(2) 점들을 선분으로 잇습니다.

2-1 생각 열기 세로 눈금 한 칸은 0.1 ℃를 나타냅니다.

가로 눈금과 세로 눈금이 만나는 자리에 점을 찍은 다음 그 점들을 선분으로 이어 꺾은선그래프를 완성합니다.

2-2 생각 열기 세로 눈금 한 칸은 0.2 cm를 나타냅니다.

가로 눈금과 세로 눈금이 만나는 자리에 점을 찍은 다음 그 점들을 선분으로 이어 꺾은선그래프를 완성합니다.

131쪽

1-1 (1) 월별 비 온 날수를 세어 표를 완성합니다.

(2) 꺾은선그래프의 가로는 월을, 세로는 비 온 날수를 나타내면 좋을 것입니다.

(3) 가로 눈금과 세로 눈금이 만나는 자리에 점을 찍은 다음 그 점들을 선분으로 이어 꺾은선그래프를 완성합니다.

1-2 (1) 날짜별 윗몸일으키기 한 횟수를 찾아 표를 완성합니다.

(2) 꺾은선그래프의 가로는 날짜를, 세로는 윗몸일으키기 횟수를 나타내면 좋을 것입니다.

(3) 가로 눈금과 세로 눈금이 만나는 자리에 점을 찍은 다음 그 점들을 선분으로 이어 꺾은선그래프를 완성합니다.

133쪽

1-1 연도별 남학생 수는 1995년에 **390**명에서 2015년에 **260**명으로 줄었습니다.

1-2 연도별 여학생 수는 1995년에 **310**명에서 2015년에 **250**명으로 줄었습니다.

2-1 생각 열기 학생 수의 변화가 심한 것은 선이 많이 기울어진 것입니다.

조사 기간 중 남학생의 선이 여학생의 선보다 더 많이 기울어졌으므로 **남학생** 수의 변화가 더 심합니다.

2-2 생각 열기 학생 수의 변화가 적은 것은 선이 적게 기울어진 것입니다.

조사 기간 중 여학생의 선이 남학생의 선보다 더 적게 기울어졌으므로 **여학생** 수의 변화가 더 적습니다.

3-1 남학생 수를 나타내는 꺾은선그래프의 선이 내려가고 있으므로 앞으로도 내려갈 것 같습니다. 따라서 남학생 수는 점점 줄어들 것입니다.

3-2 여학생 수를 나타내는 꺾은선그래프의 선이 내려가고 있으므로 앞으로도 내려갈 것 같습니다. 따라서 여학생 수는 점점 줄어들 것입니다.

2 STEP 개념 확인하기
134~135쪽

01 시간

02 ㉠: 시간, ㉡: 시간, ㉢: 산책한 시간

03
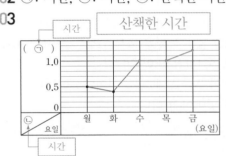

04 예 월, 적설량   **05** 예 2 mm

06 예 0 mm와 20 mm 사이

07 예
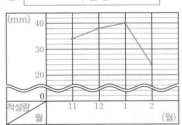

08 (○)
(○)
(   )

09
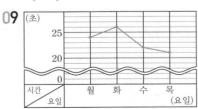

; 예 기록이 점점 줄어들 것입니다.

10 22.2, 8   **11** (개) 식물

꼼꼼 풀이집

01 세로에는 산책한 **시간**을 나타내어야 합니다.

02 ㉡에는 **시간**을, ㉠에는 산책한 시간을 나타내는 단위인 **시간**을, ㉢에는 그래프의 제목인 **산책한 시간**을 나타내어야 합니다.

03 가로 눈금과 세로 눈금이 만나는 자리에 점을 찍은 다음 그 점들을 선분으로 이어 꺾은선그래프를 완성합니다.

> **주의**
>
> 찍은 점들을 자를 사용하여 곧게 선분으로 이어 그래프를 그려야 합니다.

04 꺾은선그래프의 가로에는 월을, 세로에는 적설량을 나타냅니다.

05 **생각 열기** 세로 눈금 한 칸은 여러 가지로 나타낼 수 있습니다.

세로 눈금 칸이 너무 작지 않게 크기를 생각해 봅니다.

06 **생각 열기** 필요 없는 부분을 물결선으로 그리므로 자료값을 지나지 않도록 나타내어야 합니다.

가장 작은 값이 24이므로 물결선이 24를 지나지 않도록 그 아래로 넣어야 합니다.

07 가로 눈금과 세로 눈금이 만나는 자리에 점을 찍은 다음 그 점들을 선분으로 이어 꺾은선그래프를 완성합니다.

08 자료의 양을 비교할 때는 막대그래프로, 자료의 변화 정도를 알아볼 때는 꺾은선그래프로 나타내는 것이 좋습니다.

09 **서술형 가이드** 완성된 꺾은선그래프를 보고 여러 가지 내용을 생각하여 설명할 수 있어야 합니다.

⑩ 기록이 가장 나쁜 날은 화요일입니다.

⑩ 기록이 가장 좋은 날은 목요일입니다. 등

채점 기준		
꺾은선그래프를 보고 내용을 바르게 설명함.		상
꺾은선그래프를 보고 내용을 설명하고 있으나 미흡함.		중
꺾은선그래프를 보고 내용을 설명하지 못함.		하

10 • ㈎ 식물의 키는 6월에 18.8 cm에서 9월에 22.2 cm로 자랐습니다.

• ㈏ 식물의 키는 선이 올라가다가 8월부터 내려가므로 8월부터 시들기 시작합니다.

11 **생각 열기** 선이 올라가면 식물의 키가 자라는 것이고 선이 내려가면 식물이 시드는 것입니다.

식물의 키는 ㈎는 선이 계속 올라가고 ㈏는 8월부터 내려가므로 10월 1일에 식물의 키가 자랐을 것 같은 식물은 ㈎입니다.

---

3 STEP 단원마무리 평가 [136~139쪽]

01 꺾은선그래프
02 시각, 온도
03 1 °C
04 6 °C
05 올라갔습니다에 ○표
06 (1) 막 (2) 꺾
07 재원
08 토
09 19 °C
10 오전 9시와 낮 12시 사이
11 12 °C
12 ⑩ 오후 9시보다 낮아질 것입니다.

13
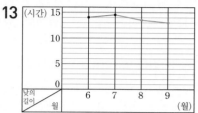

14
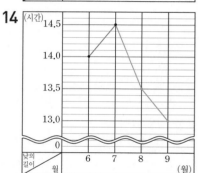

15 14 그래프 ; ⑩ 세로 눈금 칸이 넓어져서 14의 그래프가 더 읽기 편합니다.

16 0.9 kg
17 ⑩ 35.2 kg
18 ⑩ 4월의 몸무게인 35.1 kg과 6월의 몸무게인 35.3 kg의 중간이 35.2 kg이기 때문입니다.

19 2학년
20 1

창의·융합문제

❶ 도희
❷ ⑩ 세로 눈금 한 칸은 1원을 나타내.

---

01 수량을 점으로 표시하고, 그 점들을 선분으로 이어 그린 그래프로 **꺾은선그래프**입니다.

02 가로는 10시, 11시, 12시, 1시로 **시각**을, 세로는 0 °C, 5 °C, 10 °C로 **온도**를 나타냅니다.

03 세로 눈금 5칸이 5 °C이므로 세로 눈금 한 칸은 **1 °C**를 나타냅니다.

04 오전 11시의 가로 눈금과 세로 눈금이 만나는 점의 세로 눈금을 읽으면 6 ℃입니다.

05 생각 열기 꺾은선의 방향을 살펴봅니다.
꺾은선이 오른쪽으로 올라가고 있으므로 시간이 지날수록 거실의 온도는 올라갈 것입니다.

> 참고
> 꺾은선그래프에서 꺾은선이 오른쪽으로 올라가면 값이 늘어나고, 오른쪽으로 내려가면 값이 줄어드는 것입니다.

06 자료의 양을 비교할 때는 막대그래프로, 자료의 변화 정도를 알아볼 때는 꺾은선그래프로 나타내는 것이 좋습니다.

07 선이 오른쪽으로 점점 올라가고 있으므로 잠을 자는 시간이 점점 늘어나고 있는 것입니다. 따라서 바르게 말한 사람은 **재원**이입니다.

08 전날에 비해 잠을 잔 시간이 가장 많이 늘어난 때는 선이 가장 많이 기울어진 때입니다. 따라서 금요일과 토요일 사이입니다.

09 오후 6시일 때 가로 눈금과 세로 눈금이 만나는 점의 세로 눈금을 읽으면 19 ℃입니다.

10 생각 열기 선의 기울어진 정도를 비교합니다.
기온의 변화가 가장 심한 때는 선이 가장 많이 기울어진 때이므로 **오전 9시와 낮 12시** 사이입니다.

11 가장 높은 기온: 21 ℃, 가장 낮은 기온: 9 ℃
⇨ (서울의 일교차)=21-9=12 (℃)

12 서술형 가이드 오후 3시부터 오후 9시까지 서울의 기온이 계속 낮아지고 있는 것을 알고 예상할 수 있어야 합니다.

채점기준	꺾은선그래프를 보고 오후 10시의 기온을 알맞게 예상함.	상
	오후 10시의 기온을 예상했으나 미흡함.	중
	오후 10시의 기온을 예상하지 못함.	하

13 생각 열기 세로 눈금 5칸이 5시간이므로 세로 눈금 한 칸은 1시간을 나타냅니다.
세로 눈금에 맞게 꺾은선그래프를 완성합니다.

14 생각 열기 세로 눈금 5칸이 0.5시간이므로 세로 눈금 한 칸은 0.1시간을 나타냅니다.
세로 눈금에 맞게 꺾은선그래프를 완성합니다.

15 서술형 가이드 13과 14의 그래프를 비교하여 다른 점을 알고 더 읽기 편한 그래프를 찾아 이유를 설명할 수 있어야 합니다.

채점기준	답에 대한 이유를 바르게 설명함.	상
	답에 대한 이유 설명이 미흡함.	중
	답에 대한 이유를 설명하지 못함.	하

16 생각 열기 2월과 4월의 몸무게의 세로 눈금 칸수의 차를 알아봅니다.
세로 눈금 5칸이 0.5 kg이므로 세로 눈금 한 칸은 0.1 kg을 나타냅니다. 따라서 4월은 2월보다 세로 눈금 9칸이 늘어났으므로 **0.9 kg** 늘어난 것입니다.

> 다른 풀이
> 2월의 몸무게는 34.2 kg이고
> 4월의 몸무게는 35.1 kg이므로 4월은 2월보다
> 35.1-34.2=0.9 (kg) 늘었습니다.

17 4월과 6월의 몸무게를 이용하여 5월의 몸무게를 예상해 봅니다.

18 서술형 가이드 몸무게를 예상한 이유를 설명할 수 있어야 합니다.

채점기준	4월과 6월의 몸무게를 이용하여 이유를 바르게 설명함.	상
	예상에 대한 이유 설명이 미흡함.	중
	예상에 대한 이유 설명을 하지 못함.	하

19 생각 열기 연주의 왼쪽 눈의 시력과 오른쪽 눈의 시력을 비교하여 시력이 같은 때를 찾습니다.
세로 눈금 5칸이 0.5이므로 세로 눈금 한 칸은 0.1을 나타냅니다.

학년	왼쪽 눈의 시력	오른쪽 눈의 시력
1학년	1.5	1.0
2학년	1.2	1.2
3학년	1.0	0.9
4학년	0.9	

따라서 왼쪽 눈의 시력과 오른쪽 눈의 시력이 같은 때는 **2학년**일 때입니다.

20 생각 열기 연주는 4학년이므로 4학년일 때 왼쪽 눈의 시력을 그래프에서 찾습니다.
4학년인 연주의 오른쪽 눈의 시력은 왼쪽 눈의 시력보다 0.1 좋습니다. 왼쪽 눈의 시력이 0.9이므로 오른쪽 눈의 시력은 0.9+0.1=1입니다.

창의·융합문제

❶ 세로 눈금 5칸이 5원이므로 세로 눈금 한 칸은 1원을 나타냅니다. 따라서 잘못 설명한 학생은 **도희**입니다.

❷ 서술형 가이드 잘못된 부분을 알고 바르게 고칠 수 있어야 합니다.

채점기준	틀린 부분을 알고 바르게 고침.	상
	틀린 부분을 알고는 있으나 바르게 고치지 못함.	중
	틀린 부분을 몰라 고치지 못함.	하

❻ 다각형

1 STEP 개념 파헤치기

143~145쪽

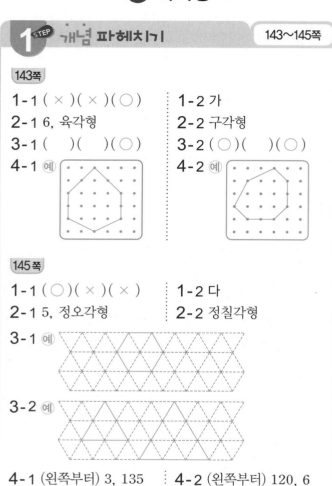

143쪽

1-1 (×)(×)(○) 1-2 가
2-1 6, 육각형 2-2 구각형
3-1 ( )( )(○) 3-2 (○)( )(○)
4-1 예 4-2 예

145쪽

1-1 (○)(×)(×) 1-2 다
2-1 5, 정오각형 2-2 정칠각형
3-1 예

3-2 예

4-1 (왼쪽부터) 3, 135 4-2 (왼쪽부터) 120, 6

143쪽

1-1 왼쪽 도형과 가운데 도형은 곡선이 있으므로 다각형이 아닙니다.

1-2 [생각 열기] 다각형은 선분으로만 둘러싸인 도형입니다.
선분으로만 둘러싸인 도형을 찾으면 **가**입니다.
나는 선분으로 둘러싸여 있지 않고 열려 있으므로 다각형이 아닙니다.
다는 곡선으로만 이루어져 있으므로 다각형이 아닙니다.

2-1 변이 6개인 다각형은 **육각형**입니다.

2-2 변이 9개인 다각형은 **구각형**입니다.

3-1 왼쪽부터 오각형, 육각형, 칠각형입니다.

3-2 변이 8개인 다각형을 찾습니다. 가운데 도형은 육각형입니다.

4-1 변이 6개인 육각형을 그려 봅니다.

4-2 변이 7개인 칠각형을 그려 봅니다.

참고

칠각형은 변의 수와 꼭짓점의 수가 7개로 같으므로 꼭짓점이 될 점 7개를 선택하여 선분으로 이으면 칠각형을 쉽게 그릴 수 있습니다.

145쪽

1-1 가운데 도형은 각의 크기가 모두 같지 않으므로 정다각형이 아닙니다.
오른쪽 도형은 변의 길이가 모두 같지 않고, 각의 크기도 모두 같지 않으므로 정다각형이 아닙니다.

1-2 정다각형은 변의 길이가 모두 같고, 각의 크기가 모두 같은 다각형이므로 **다**입니다.

2-1 변이 5개인 정다각형은 **정오각형**입니다.

2-2 변이 7개인 정다각형은 **정칠각형**입니다.

3-1 변의 길이가 모두 같고, 각의 크기가 모두 같은 육각형을 그려 봅니다.

3-2 [생각 열기] 정삼각형은 변의 길이가 모두 같고, 각의 크기가 모두 같습니다.
변의 길이가 서로 다른 정삼각형을 2개 그려 봅니다.

4-1 정다각형은 변의 길이가 모두 같고, 각의 크기가 모두 같으므로 주어진 정팔각형의 변의 길이는 모두 3 cm이고, 각의 크기는 모두 **135°**입니다.

4-2 정다각형은 변의 길이가 모두 같고, 각의 크기가 모두 같으므로 주어진 정육각형의 변의 길이는 모두 6 cm이고, 각의 크기는 모두 **120°**입니다.

2 STEP 개념 확인하기

146~147쪽

01 다 02 선분
03 육각형 04 칠각형
05 예

06

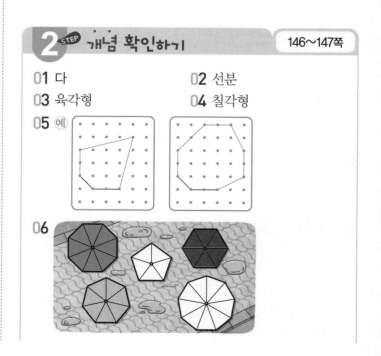

07 가, 나   **08** 각, 각

09 (왼쪽부터) 4, 108

10 예

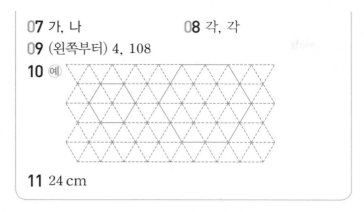

11 24 cm

01~02 생각 열기 선분으로만 둘러싸인 도형을 다각형이라고 합니다.

선분은 두 점을 곧게 이은 선입니다.

다는 곡선도 있기 때문에 다각형이 아닙니다.

03 변이 6개이면 **육각형**입니다.

04 변이 7개인 다각형이므로 **칠각형**입니다.

05 오각형은 변이 5개, 팔각형은 변이 8개가 되도록 그립니다.

참고

오각형은 점을 5개, 팔각형은 점을 8개 선택하여 이으면 쉽게 그릴 수 있습니다.

06 변이 6개인 다각형 모양의 우산은 빨간색, 변이 7개인 다각형 모양의 우산은 노란색, 변이 8개인 다각형 모양의 우산은 초록색으로 색칠합니다.

07 변의 길이가 모두 같고, 각의 크기가 모두 같은 것을 찾습니다.

가: 정칠각형, 나: 정사각형, 다: 육각형

08 변의 길이가 모두 같고, 각의 크기도 모두 같아야 정다각형입니다. 마름모는 변의 길이는 모두 같지만, 각의 크기가 모두 같지는 않으므로 정다각형이 아닙니다.

09 생각 열기 정다각형은 변의 길이가 모두 같고, 각의 크기가 모두 같습니다.

주어진 정오각형의 변의 길이는 모두 4 cm이고, 각의 크기는 모두 108°입니다.

10 정육각형은 변의 길이가 모두 같고, 각의 크기가 모두 같습니다.

변의 길이가 서로 다른 정육각형을 2개 그려 봅니다.

11 변이 8개인 정다각형이므로 정팔각형입니다.

정다각형은 모든 변의 길이가 같습니다.

⇨ (정팔각형의 모든 변의 길이의 합)
   =(정팔각형의 한 변의 길이)×(변의 수)
   =3×8=24 (cm)

---

1 STEP 개념 파헤치기

149~153쪽

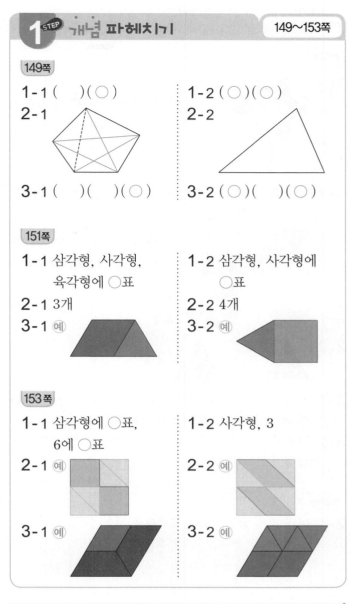

149쪽

1-1 ( )(○)   1-2 (○)(○)

2-1   2-2

3-1 ( )( )(○)   3-2 (○)( )(○)

151쪽

1-1 삼각형, 사각형, 육각형에 ○표   1-2 삼각형, 사각형에 ○표

2-1 3개   2-2 4개

3-1 예   3-2 예

153쪽

1-1 삼각형에 ○표, 6에 ○표   1-2 사각형, 3

2-1 예   2-2 예

3-1 예   3-2 예

149쪽

1-2 두 사각형에서 서로 이웃하지 않는 두 꼭짓점을 모두 이었으므로 대각선을 옳게 나타내었습니다.

2-1 오각형에는 대각선을 5개 그을 수 있습니다.

2-2 생각 열기 다각형에서 서로 이웃하지 않는 두 꼭짓점을 이은 선분을 대각선이라고 합니다.

삼각형의 꼭짓점 3개는 모두 이웃하므로 삼각형에는 대각선을 그을 수 없습니다.

3-1

직사각형은 두 대각선의 길이가 같습니다.

3-2

마름모와 정사각형은 두 대각선이 서로 수직입니다.

151쪽

1-1

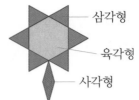

⇨ 모양을 만드는 데 사용한 다각형은 삼각형, 사각형, 육각형입니다.

1-2 생각 열기 사용한 모양 조각의 변의 수를 세어 다각형의 이름을 알아봅니다.

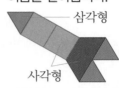

⇨ 모양을 만드는 데 사용한 다각형은 **삼각형, 사각형**입니다.

2-1 ◣◥ ⇨ ◣◢◣ : 3개

2-2 ▲ ⇨ ▲▲▲ : 4개

3-1 길이가 같은 변끼리 이어 붙여 마주 보는 한 쌍의 변이 평행한 사각형을 만들어 봅니다.

3-2 길이가 같은 변끼리 이어 붙여 변이 5개인 오각형을 만들어 봅니다.

153쪽

2-1 여러 가지 방법으로 정사각형을 채울 수 있습니다.

(예)

2-2 여러 가지 방법으로 정사각형을 채울 수 있습니다.

(예)

참고

모양 조각을 돌리거나 뒤집어도 됩니다.

3-1~3-2 여러 가지 방법으로 평행사변형을 채울 수 있습니다.

(예)

01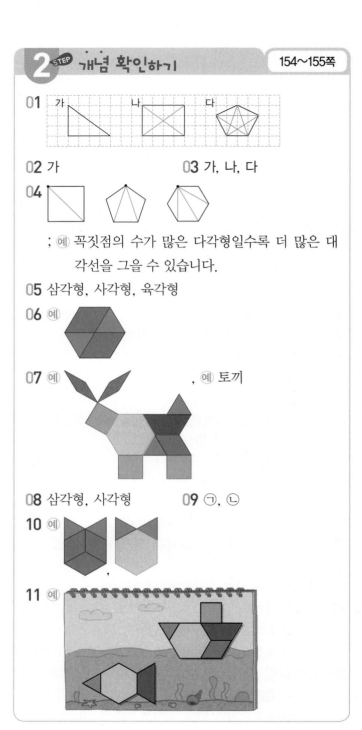

02 가   **03** 가, 나, 다

04

; (예) 꼭짓점의 수가 많은 다각형일수록 더 많은 대각선을 그을 수 있습니다.

05 삼각형, 사각형, 육각형

06 (예)

07 (예)   , (예) 토끼

08 삼각형, 사각형   **09** ㉠, ㉡

10 (예)

11 (예)

---

01 서로 이웃하지 않는 두 꼭짓점을 모두 이어 봅니다.

02 삼각형은 3개의 꼭짓점이 모두 이웃하고 있기 때문에 대각선을 그을 수 없습니다.

03 사각형에 대각선을 모두 그어 봅니다.

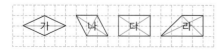

한 대각선이 다른 대각선을 똑같이 둘로 나누는 사각형은 **가**(마름모), **나**(평행사변형), **다**(직사각형)입니다.

04 서술형 가이드 다각형과 대각선 사이의 관계를 찾아 바르게 설명했는지 확인합니다.

채점기준		
대각선을 모두 긋고 알게 된 점을 바르게 설명함.		상
대각선을 모두 긋고 알게 된 점을 썼으나 미흡함.		중
대각선을 모두 긋지 못하고 알게 된 점도 쓰지 못함.		하

사각형, 오각형, 육각형으로 꼭짓점의 수가 4개, 5개, 6개로 1개씩 늘어날 때마다 하나의 꼭짓점에서 그을 수 있는 대각선의 수도 1개, 2개, 3개로 1개씩 늘어납니다.

05 사용한 모양 조각의 변의 수를 세어 다각형의 이름을 알아봅니다.

06 생각 열기 길이가 같은 변끼리 이어 붙여 변이 6개인 육각형을 만들어 봅니다.
여러 가지 방법으로 육각형을 만들 수 있습니다.

참고
6개의 선분으로 둘러싸여 있으면 육각형입니다.

07 모양 조각을 모두 사용하여 모양을 만들고 이름을 붙여 봅니다.

08 가는 삼각형 모양 조각 6개, 나는 사각형 모양 조각 2개로 모양을 채웠습니다.

09 ㉢ 길이가 같은 변끼리 이어 붙였습니다.

10 여러 가지 방법으로 모양을 채울 수 있습니다.

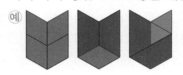

11 여러 가지 방법으로 모양을 채울 수 있습니다.

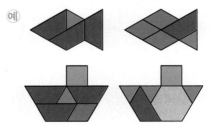

---

3 STEP 단원마무리 평가   156～159쪽

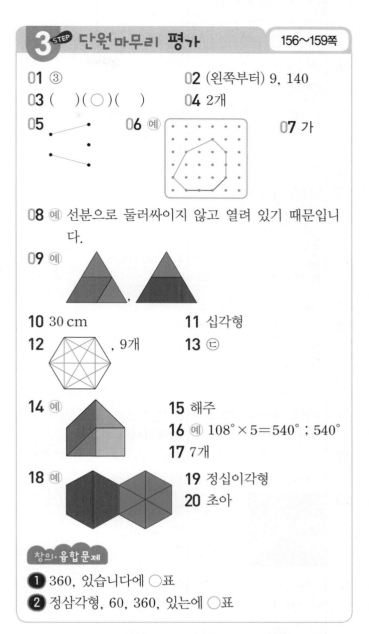

01 ③
02 (왼쪽부터) 9, 140
03 ( )(○)( )
04 2개
05
06 예
07 가
08 예 선분으로 둘러싸이지 않고 열려 있기 때문입니다.
09 예
10 30 cm
11 십각형
12 , 9개
13 ㉢
14 예
15 해주
16 예 108°×5=540° ; 540°
17 7개
18 예
19 정십이각형
20 초아

창의·융합문제
❶ 360, 있습니다에 ○표
❷ 정삼각형, 60, 360, 있는에 ○표

01 서로 이웃하지 않는 두 꼭짓점을 이은 선분을 찾으면 ③입니다.

02 생각 열기 정다각형은 변의 길이가 모두 같고, 각의 크기가 모두 같습니다.
주어진 정구각형의 변의 길이는 모두 9 cm이고, 각의 크기는 모두 140°입니다.

03
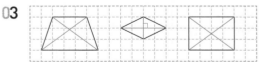
마름모는 두 대각선이 서로 수직으로 만납니다.

04
 : 2개

05 변의 수를 세어 봅니다.
변이 6개이면 육각형, 변이 8개이면 팔각형입니다.

꼼꼼 풀이집

06 변이 7개인 칠각형을 그려 봅니다.

> **참고**
>
> 칠각형은 점을 7개 선택하여 이으면 쉽게 그릴 수 있습니다.

07 선분으로만 둘러싸인 도형이 아닌 것을 찾으면 **가**입니다.

08 **서술형 가이드** 다각형의 뜻을 알고 찾은 도형이 다각형이 아닌 이유를 설명할 수 있어야 합니다.

채점기준		
다각형이 아닌 이유를 바르게 설명함.	상
다각형이 아닌 이유를 알고 있으나 설명이 미흡함.	중
다각형이 아닌 이유를 설명하지 못함.	하

09 여러 가지 방법으로 정삼각형을 만들 수 있습니다.

10 변이 6개인 정다각형이므로 정육각형입니다.
정다각형은 변의 길이가 모두 같으므로
(정육각형의 모든 변의 길이의 합)
=(한 변의 길이)×(변의 수)=5×6=**30 (cm)**입니다.

11 선분으로만 둘러싸인 도형이므로 다각형입니다.
변이 10개인 다각형은 **십각형**입니다.

12 서로 이웃하지 않는 두 꼭짓점을 모두 이어 보면 **9개**입니다.

13
ㄱ 삼각형: 가, 나, 라, 바, 사
ㄴ 사각형: 다, 마
ㄹ 정사각형: 다

14 모양에 맞게 칠교판 조각을 그려 봅니다.
칠교판 조각을 돌리거나 뒤집어도 됩니다.

15 변이 4개인 정다각형이므로 정사각형입니다.
정사각형은 꼭짓점이 4개입니다.
정사각형에는 대각선을 2개 그을 수 있고, 두 대각선의 길이는 같습니다.

16 **서술형 가이드** 정다각형은 각의 크기가 모두 같음을 이용하여 식을 세우고 바르게 계산하여 답을 구해야 합니다.

채점기준		
정다각형의 성질을 알고 답을 바르게 구함.	상
정다각형의 성질을 알고 있으나 실수하여 답이 틀림.	중
정다각형의 성질을 몰라 답을 구하지 못함.	하

17 오각형의 대각선: 5개, 사각형의 대각선: 2개
⇨ 5+2=**7(개)**

18 여러 가지 방법으로 모양을 채울 수 있습니다.

19 **생각 열기** 정다각형은 변의 길이가 모두 같으므로
(변의 수)=(모든 변의 길이의 합)÷(한 변의 길이)입니다.
(정다각형의 변의 수)=84÷7=12(개)
⇨ 변이 12개인 정다각형은 **정십이각형**입니다.

20 현철: 변이 4개인 다각형 ⇨ 사각형
초아: 꼭짓점이 5개인 다각형 ⇨ 오각형
진호: 한 각의 크기가 60°인 정다각형 ⇨ 정삼각형
대각선의 수를 비교하면 오각형(5개)＞사각형(2개)＞정삼각형(0개)이므로 대각선의 수가 가장 많은 도형을 말한 사람은 **초아**입니다.

창의·융합문제

1 정삼각형은 한 꼭짓점을 중심으로 60°의 각이 6개 모여 360°가 됩니다.
따라서 정삼각형으로 평면을 빈틈없이 채울 수 있습니다.

> **참고**
>
> 한 꼭짓점을 중심으로 모이는 여러 가지 각의 크기를 모두 더해 360°가 되면 평면을 빈틈없이 채울 수 있습니다.
>
> (예) 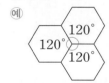 정육각형은 한 꼭짓점을 중심으로 120°의 각이 3개 모여 360°가 되므로 정육각형으로 평면을 빈틈없이 채울 수 있습니다.

2 **생각 열기** 한 꼭짓점을 중심으로 모이는 여러 가지 각의 크기를 살펴봅니다.

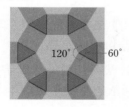

한 꼭짓점을 중심으로 정사각형, 정육각형, 정사각형, **정삼각형**이 모여 있고 각 정다각형의 한 각의 크기를 더하면 90°+120°+90°+60°=**360°**가 되므로 바닥을 빈틈없이 채울 수 있습니다.

> **참고**
>
> 정다각형의 한 각의 크기는 다음과 같습니다.
>
>
> 정삼각형(60°)　정사각형　정오각형(108°)　정육각형(120°)

단계별 수학 전문서

[개념·유형·응용]

수학의 해법이 풀리다!

해결의 법칙
시리즈

단계별 맞춤 학습

개념, 유형, 응용의 단계별 교재로
교과서 차시에 맞춘 쉬운 개념부터
응용·심화까지 수학 완전 정복

혼자서도 OK!

이미지로 구성된 핵심 개념과 셀프 체크,
모바일 코칭 시스템과 동영상 강의로
자기주도 학습 및 홈 스쿨링에 최적화

300여 명의 검증

수학의 메카 천재교육 집필진과
300여 명의 교사·학부모의
검증을 거쳐 탄생한 친절한 교재

흔들리지 않는 탄탄한 수학의 완성! (초등 1~6학년 / 학기별)

참 잘했어요

수학의 모든 개념 문제를 풀 정도로
실력이 성장한 것을 축하하며
이 상장을 드립니다.

이름 _____

날짜 _____년____월____일

수학 전문 교재

● 연산 학습

빅터연산   예비초~6학년, 총 20권

창의융합 빅터연산   예비초~4학년, 총 16권

● 개념 학습

개념클릭 해법수학   1~6학년, 학기용

● 수준별 수학 전문서

해결의법칙(개념/유형/응용)   1~6학년, 학기용

● 단원평가 대비

수학 단원평가   1~6학년, 학기용

● 단기완성 학습

초등 수학전략   1~6학년, 학기용

● 상위권 학습

최고수준 S 수학   1~6학년, 학기용

최고수준 수학   1~6학년, 학기용

최강 TOT 수학   1~6학년, 학년용

● 경시대회 대비

해법 수학경시대회 기출문제   1~6학년, 학기용

예비 중등 교재

● 해법 반편성 배치고사 예상문제   6학년

● 해법 신입생 시리즈(수학/영어)   6학년

맞춤형 학교 시험대비 교재

● 멸공 전과목 단원평가   1~6학년, 학기용(1학기 2~6년)

한자 교재

● 해법 NEW 한자능력검정시험 자격증 한번에 따기   6~3급, 총 8권

● 씽씽 한자 자격시험   8~5급, 총 4권

● 한자 전략   8~5급Ⅱ, 총 12권

이쯤에서 실력체크

수학 단원평가

각종 학교 시험, 한 권으로 끝내자!
수학 단원평가
초등 1~6학년(학기별)

쪽지시험, 단원평가, 서술형 평가 등 다양한 수행평가에 맞는 최신 경향의 문제 수록
A, B, C 세 단계 난이도의 단원평가로 실력을 점검하고 부족한 부분을 빠르게 보충 가능
기본 개념 문제로 구성된 쪽지시험과 단원평가 5회분으로 확실한 단원 마무리